未来科学家培养计划
科学启蒙·探索·研究系列

－ＮＥＷ 物 理 探 索　走 近 力 声 光 电 磁 －

光影绚妙

主 编　关大勇　吴於人

编 写　邹 洁　姚黄涛　黄晓栋　单 琨　来宇航　潘梦萍

　　　　徐小林　张 悦　李天发　高俊杰　江俊杰　严朝俊

　　　　沈旭晖　夏保密　赵 丹　张增海　邹丽萍

◆ 在潜移默化中接受科学研究基本训练
◆ 在不知不觉中学习鲜活的物理知识点
◆ 在战胜实验挫折中体验科学研究乐趣
◆ 在质疑探索、合作交流中感悟科学精神

复旦大學 出版社

物理学是最重要的基础科学，它不仅让人们认识"万物之理"，而且让人们学会认识事物的思维方法，这是一切物质科学的基元科学。离开了物理学，就没有电子信息技术、没有光学工程技术、没有材料工程技术、没有机器制造技术等。用一句话来说，没有物理学就没有现代工业技术，也没有现代社会。物理学要从小就学起来。

我手中看到的是一套物理教育书稿：有 4 册《NEW 物理启蒙　我们的看听触感》为小学生而写，旨在让孩子们通过自己的感官，实践科学探索；另有 4 册《NEW 物理探索　走近力声光电磁》为中学生而写，希望中学生在正式学习物理课程之前感受物理的魅力、养成研究的习惯。

这是一套有特色的书。不少物理知识的学习是从玩具和新奇现象切入，引发孩子们的兴趣，然后引导孩子通过科学探索，寻找规律，玩出花样，玩出感悟。书中的很多有趣现象对于小学生、中学生和大学生，都可以发掘到适合自己的研究课题。根据学生的年龄特点，这套书中设计了不少有效激励的游戏和竞赛；鼓励挑战权威，敢于质疑；内容传承经典，又与前沿交融；研究中和研究后均注意鼓励文字记录和表述，以及语言的相互交流。

看到书中有趣的物理玩具，不禁使我想起自己的少年时代。我曾是一个喜欢物理的学生，喜欢做实验，喜欢捣鼓自己的创意小制作。兴趣真是好老师！

当今科学技术日新月异，教育技术也随之改变。在上海这样的大城市，传感器数据采集实验系统、电子书包、微课程平台，以及 VR 和 AR 等现代技术的影子相继在学校出现。科学技术的提升，家庭生活的改善，使孩子们玩电子产品驾轻就熟。显然，一方面是"天高任鸟飞，海阔凭鱼跃"，国家教育的投入越来越多，孩子们的学习环境越来越好；另一方面是"机器人抢饭碗""未来的竞争更为残酷"，这样的说法让家长们人心惶惶。所以，未来社会非常需要的研究型人才、创新型人才、工匠型人才，如何才能有效地进行培育？教师和家长又该如何进行引导、言传身教？课堂教育和课外活动如何给予学生高尚理念、家国情怀？学校和社会如何给予青少年更多发展空间，更好地培养他们未来展翅飞翔的潜能？这才是最重要的。

不久前，FAST 这个我国自行研制的世界最大单口径（500 米）射电望远镜，在调试阶段已探测到数十个脉冲星候选体；"墨子号"在国际上率先实现千公里级量子纠缠分发；中国的北斗星导航系统已是我国国防不可或缺的坚固保障，同时也撑起了一片创新生态。据报道，谷歌的 AI 子公司 DeepMind 研发的 AlphaGo Zero 可以自学，经过 3 天的自我对局，Zero 变得足够强大，可以一举击败原来版本的 AlphaGo。一项项改变未来、改变我们生活的现代技术让我们享用，让我们大开眼界。应该明白,这些技术的发展依赖科学理论的支撑和科学的研究方法,依托有不断学习精神和学习能力的人的发明创造。

这套书的作者希冀借助物理研究方法的启蒙,培育青少年的物理思维能力和发明创新潜能。物理可以视为自然科学的核心,视为新技术源源不断的源泉。物理图景探索、物理技术运用和物理研究方法已经渗透各行各业。所以,青少年学生和家长不要害怕物理,而是要尝试喜欢物理,并积极主动学习物理。培养物理思维能力,会让你受益终身。

物理其实不难,非常生动有趣;物理世界的图景令人豁然开朗,可以在实际中运用。喜欢物理的同学,或是被物理的神趣和挑战所吸引,或是在物理学习中体验到成功和登高远眺的境界。这套书努力让读者感受物理,让读者亲近物理。希望孩子们有越来越多的机会沉浸在能够激发学习兴趣、激发探索潜能的学习环境中。这套书对教师们来说更是任重而道远,要努力探索,让学生掌握课程的知识点并熟练运用,培养学生热爱物理,激发学生终身学习的动力和培养学生终身学习的能力。

中国科学院院士

2017 年 10 月于上海

长期以来,同济大学的大学物理教师一直在探寻更为有效的物理育人方法。在课程设计中强化实践探索,努力为学生构建可引导自主研究的学习环境。五彩缤纷的物理演示实验、物理探索实验、物理仿真研究计算机系统,以及物理研究课题竞赛等软硬件系统建设,均对学生研究能力的提高起到了积极推动的作用,也取得了一系列教学成果。10年前,同济大学在上海市科委和上海市教委的支持下,成立了上海市青少年科技人才培养基地——同济大学物理实践工作站,将注重实践的理念运用于青少年科学素养培育中,将物理的有趣和神奇、物理的无所不在和推动社会发展的力量展现在大家面前,激励了许许多多的青少年。

现在,曾经的同济大学物理实践工作站创建人——一位热心的退休物理教师和当时工作站的副手——一位同济毕业的物理博士将此教育理念继续发扬,创建了"未来科学家培养计划"系列课程,研发着"科学启蒙·探索·研究"系列教材,在此对即将出版的这套丛书表示祝贺。

物理学是人类文明和社会发展的基石,它所展现的世界观和方法论,深刻地影响着人们对物质世界的基本认识、人们的思维方式和社会生活。物理学的学习,对于人们树立科学的世界观、增强分析和解决问题的能力、培养探索精神和创新意识等,具有不可替代的作用。同时,物理学发展至今所创建的科学体系又是如此的优美,它所体现的系统性、对称性和多样性等使之精彩纷呈、奥妙无穷,激励着无数有志青少年孜孜学习和探索。

如果将物理学习的过程比作攀登智慧的高峰,则从概念到概念、从公式到公式的传统教学方法,往往会将学生引入一条乏味的登山之路,使学生难以体会攀登的乐趣,产生厌倦和难学的错觉。如果我们稍微关注一下物理学的发展历程,就不难发现物理学是一门起源于实践和探索的科学,物理学家对自然规律的认识过程是一个不断探索、发现、总结、质疑、试错、再探索的过程,并由此获得新知识、掌握新方法、成就新未来。这一过程尽管充满困难和挑战,但每一个新的困难和挑战均意味着又一段新的精彩旅程,可谓风景这边独好。

玩具中有物理,乐器中有物理,生活中有物理。有的现象有趣,有的现象很炫,有的现象神奇。这套丛书就是让同学们感受物理探索和研究的乐趣,并通过与学习同伴的合作和竞争,体验物理魅力,提高物理素养,感悟科学人生,成就未来发展。

教育部高等学校大学物理课程教学指导委员会主任

顾牡

2017 年 10 月于同济大学

前言 Preface

　　"NEW 物理探索　走近力声光电磁"是一套中学生朋友一定会喜欢的物理科学探索丛书。作为一套适用于科学拓展课、兴趣课和探索课的教材,书中的很多研究是开放性的,是充满挑战的。上海市教育评估协会对这套教材所对应的课程组织了评估,肯定了课程设计和建设的科学性和先进性。引入该课程的学校逐年增多,课程在学生中大受欢迎。

　　基于神奇的物理现象及其应用,丛书中反映的课程吸引学生步步深入,情不自禁地在潜移默化中接受科学研究的基本训练,在探索有趣的未知中学习物理知识,在不断克服困难、战胜挫折中体验研究的乐趣,在认真体会科学家的研究精神中感悟做人的道理。

　　丛书主编长期从事青少年科学素质教育及创新意识启迪的研究工作,并有丰富的教学实践经验,因而书中处处彰显引导的魅力,一步步引领着学生深入地探索科学。学生读书的过程就是科学研究的过程,就是在科学家的道路上跋涉成长的过程。

　　很多家长生怕孩子学不好物理,哪怕是中学在八年级才开始学习物理,家长们还是在孩子六年级时便把他们送进各类物理补习班、提前学习物理。如果这类提前学习是基于应试教育的,对孩子自身学习兴趣的培养及学习习惯的养成就会有很大的副作用。而我们的这套教材则不同,着重于激发学习兴趣,教授学习方法,引导学生自己通过实验总结科学规律。丛书涉及的物理知识与中学物理教科书中的内容不完全相同,教学过程则完全不相同。学生在将来学习中学物理时,不会因为学过而对物理学习失去兴趣,而且还会自觉利用本课程的学习思路去分析问题,这将有利于透彻理解和正确应用物理知识。

　　丛书共有 4 个分册,分别是《力所能及》《闻声起舞》《光影绚妙》和《电磁之交》。我们建议从初中预备班开始,将丛书作为相关创新实验室的拓展教材或者科学类选修课教材,高中生甚至相当优秀的高中生也值得将研究丛书内容作为自己研究物理、尝试 STEM 研究模式的学习过程。也就是说,学生从初中到高中,这套丛书可以源源不断、步步深入地给予学生启迪。

　　如果学校没有开设这类课程,对孩子有信心的家长和敢于挑战的同学,也可以和这套丛书"做朋友",自学自研书中有趣的物理内容。丛书主编也十分希望能通过网络、移动通讯、各种活动等机会和大家做朋友,一起探讨科学问题。

　　丛书由智勇教育培训有限公司"未来科学家培养计划　科学启蒙·探索·研究系列"编写团队和上海师范大学物理课程与教学论、学科教育(物理)专业的研究生共同编写,参加编写的有邹洁、姚黄涛、黄晓栋、单琨、来宇航、潘梦萍、徐小林、张悦、李天发、高俊杰、江俊杰、严朝俊、沈旭晖、夏保密、赵丹、张增海、邹丽萍。书中没有注明出处的图片大部分源自智勇教育、教师同行、亲友和历届学生们的提供,部分为 CC0 协议和 VRF 协议共享版权图,马兴村先生为丛书作了手绘图。在此向各位合作者一并表示衷心感谢!

编　者
2017 年 5 月

目录 Contents

第 3 分册

光 影 绚 妙

导语 ………………………………………………………………… 1

第 9 章　光的幻觉 …………………………………………… 2

§ 9.1　你还相信眼见为实吗 …………………………… 2

§ 9.2　眼睛是怎么看见物体的 ………………………… 6

§ 9.3　人为什么不能完全正确感知光信息 ………… 14

§ 9.4　做几幅让人上当的图 …………………………… 18

第 10 章　光的幻象 ………………………………………… 22

§ 10.1　普氏摆到底如何运动 ………………………… 22

§ 10.2　立体感从何而来 ………………………………… 23

§ 10.3　挑战传世之谜普氏摆 ………………………… 25

§ 10.4　立体影像的实现 ………………………………… 27

第 11 章　光的幻影 ………………………………………… 40

§ 11.1　彩色影子——"寻找爱因斯坦第二"的题目 ………… 40

§ 11.2　关于影子 ………………………………………… 43

§ 11.3　色彩的奥秘 ……………………………………… 48

§ 11.4　彩色影子大比拼 ………………………………… 52

§ 11.5　另类彩色影子——色偏振 …………………… 53

第 12 章　光的幻术 ………………………………………… 55

§ 12.1　立体和平面间的错觉 ………………………… 55

§ 12.2　立体影像幻术 …………………………………… 57

§ 12.3　偏振光幻术 ……………………………………… 58

§ 12.4　光反射幻术 ……………………………………… 61

导　语

有一双健全的眼睛多好！大千世界，由你观察；绚丽风光，任你欣赏。你能看到父母殷切的目光，也能看到老师鼓励的眼神。当你觉得需要看得更远时，已经有越来越高级的望远镜；当你要探索更细微的物体时，也有越来越精密的显微镜。也许你东看看、西看看，觉得还不过瘾，电影、电视都早已一一发明，有的屏幕越来越大，有的屏幕越做越薄，有的让你感觉不可思议，有的让你上下左右、四面八方全都在虚拟世界之中……

当你享受视觉盛宴的时候，有没有想过以下这些问题？

（1）人为什么能看到东西？

（2）人们看到的，也就是进入人眼的，到底是什么？

（3）让人们看得更远、更小、更清楚、更过瘾、更方便的这些工具是怎样发明出来的？我们还可以进一步研究出什么新奇玩意儿吗？

（4）人的眼睛有什么局限，是目前还无法弥补的？

也许你想过，也许你不曾想过，但是我相信，你现在一定在想这些问题，而且说不定想得更多、更远！你一定对视觉和光产生了兴趣，就让我们开始对它们深入探索吧！

蜡烛被玻璃板盖灭后出现的美丽羽状烟

（2015 年国际青年物理学家锦标赛（IYPT）题目）

光 的 幻 觉

经常有同学会问："我们是怎么看到东西的?"这样回答你看是否正确? 我们如果想看见物体,要满足两个条件:一是有携带物体信息的光射向我们的眼睛;二是我们的眼睛能够接收光信息,并转化为相应的信号传到大脑相应的组织,从而使物体被感知。要想满足上述第 1 个条件,前提是物体自己会发光或者物体能反射光,而且光射向我们眼睛时没有遮挡物。而上述第 2 个条件则要我们的视力或者矫正视力属于正常范围。

图 9 - 1　3D 打印的方框怎么啦

这样的回答有问题吗? 如果你觉得"我们是怎么看到东西的?"这个问题已经解决了,那么现在要来问你一个问题,"你见到的东西是它的真正面貌吗? 你会看错吗?"

俗话说眼见为实。如果是一幅画,如果不考虑它的显微细节(即我们肉眼看不清的细节问题),那么,被我们亲眼所见,特别是被我们在明视距离①(distance of distinct vision)反复仔细观看的图片,我们大概会认为所见即所得,也就是说,看到的是什么就是什么。

大家认为确定是这样吗? 看了图 9 - 1 之后,你会有什么发现? 有什么想法吗? 接下来的测试,会让你不相信自己的眼睛,你就拭目以待吧!

§9.1　你还相信眼见为实吗

下面是一系列有趣的图,你可以测试一下自己凭直觉做出的判断。你还会相信你的眼睛吗?

---

① 明视距离是指在合适的照明条件下,眼睛最方便、最习惯、最舒服的观看距离。正常人眼的明视距离约 25 厘米。这时人眼的调节功能不太紧张,可以长时间观察而不易疲劳。

§9.1.1　动还是不动　螺旋还是圆

观察图9-2,图形中的黑白小方块是否在闪动? 图中一圈圈黑白相间的条纹是一个个紧密相靠的圆? 还是螺旋? 注意力集中,眼睛盯着仔细看,你看清了吗?

你有什么办法可以证明图形在动还是不在动? 同时,你有什么办法排除干扰视觉的因素?

图9-2　你有没有觉得图形在微微转动

§9.1.2　小圆点在闪吗

观察图9-3,灰线交点处有小圆点,你是否觉得这些小圆点在闪烁? 它们是否不停地在隐去出现、出现隐去……

你有什么办法可以证明图形在闪还是不在闪? 同时,你有什么办法排除干扰视觉的因素?

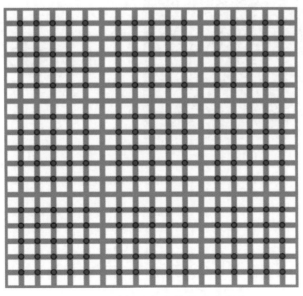

图9-3　你有没有觉得圆点在闪烁

§9.1.3 左边的灰色和右边的灰色,深浅相同吗

观察图9-4,左边的一条条灰色被白色相间,右边的一条条灰色被黑色相间。两边的灰色深浅相同吗?

你有多少种办法证明灰色深浅相同还是不相同?同时,你有什么办法排除干扰视觉的因素?

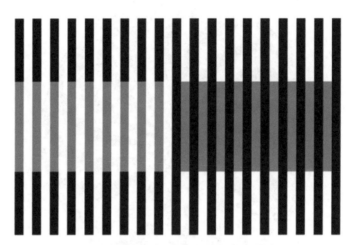

图9-4 左边的灰色和右边的灰色深浅相同吗

§9.1.4 两块颜色相同吗

观察图9-5,箭头所指的两块颜色相同吗?

你有多少种办法证明颜色相同还是不相同?同时,你有什么办法排除干扰视觉的因素?

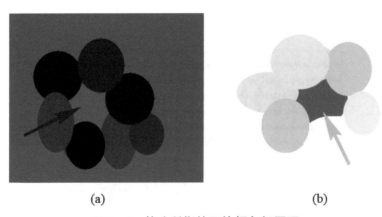

(a)　　　　　　　　　　(b)

图9-5 箭头所指的两块颜色相同吗

§9.1.5 线条是否直,是否平行,你能分辨吗

观察图9-6,图(a)系列线条是弯曲线条吗?图(b)6根长线条是平行线吗?

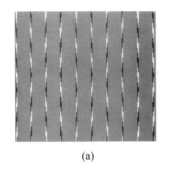

(a)

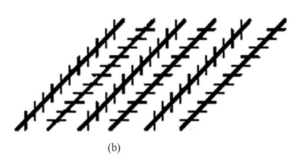

(b)

图 9-6　平行直线的判定

§9.1.6　线条长短,你能分辨吗?

观察图 9-7,两根竖直的浅色粗线条,哪根更长?

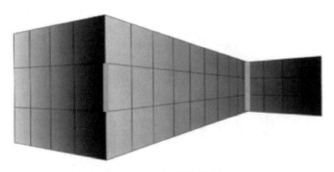

图 9-7　比较线条长度

思考讨论

　　欣赏了这么多让你无法相信自己眼睛的图片,你会发现自己的眼睛会被蒙蔽主要是因为哪些原因?

实验探索 ▶▶

　　利用你刚才找到的规律,自己尝试创作一幅视错觉图。

§9.2 眼睛是怎么看见物体的

既然已经了解有时我们所看到的东西会出现视觉误差,那么让我们先来了解眼球的结构,弄清眼睛是怎么看见物体的,然后进一步研究为什么视错觉图让我们产生错觉。

§9.2.1　看见物体的视觉过程

我们之所以看见物体,是因为物体自己发光,或者物体反射了光。物体所发的光或者反射的光射向我们的眼睛,并通过眼睛表面的角膜,随后穿过晶状体、玻璃体,聚焦在视网膜上(图9-8)。视网膜上的感光细胞受光信号刺激,激发出相应的电信号,经视神经传达到脑,从而产生相应的物体影像的意识。

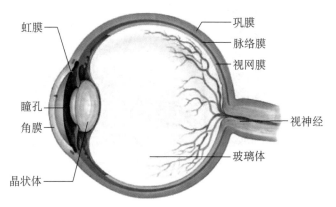

图9-8　眼球的基本结构

眼睛看物体就像相机拍照。相机要拍出清晰的相片,需要调节光圈(图9-9)、调节焦距;同样,眼睛要看清物体也需要调节"光圈"、调节焦距,以便光线在视网膜上形成清晰影像。我们眼睛的"光圈"就是瞳孔。

图9-9　不同大小的相机光圈

瞳孔是光线进入人眼的窗户,控制着晶状体的透光面积,也就是控制着进入人眼的光线总量。瞳孔的直径会随着光照强度的变化而变化,大约在2~5毫米之间波动。光照强度变大时,光的强刺激会使大脑中枢神经迅速感知,指挥眼睛虹膜平滑肌伸缩,从而调节瞳孔缩小;反之,光照强度变小时,大脑中枢神经会迅速感知光的刺激减弱,指挥眼睛虹膜平滑肌伸缩,从而调节瞳孔扩大。瞳孔的调节,是为了努力使进入人眼的光量尽可能保持在一个稳定值,以保护眼睛、看清物体。

眼睛通过调节晶状体的弯曲程度(屈光)来改变晶状体的焦距,从而使眼睛无论是看远的还是看近的物体,视网膜都能调节在晶状体的焦点位置,使带有观察物信息的光正好都能聚焦在视网膜上,这样就能够形成清晰的像。所以,当我们的眼睛盯着某物要看清该物时,该物之外的光线虽然也可能进入我们的眼睛,但是并不能在视网膜上形成清晰的影像。因而,我们会说,人要看某物,就要将眼睛"聚焦"某物。

综上所述,我们的眼睛之所以能看清物体,是因为带有物体信息的光,通过可调节大小的瞳孔,再通过可调节焦距的晶状体,在视网膜上形成清晰的像,视网膜上的感光细胞将光信息变成电信号,由视神经将信息传递给大脑视觉中枢,产生相应的视觉意识,从而完成看东西的过程,即视觉过程(由视到觉的过程)。

实验探索 ▶▶

对于上文中"眼睛通过调节晶状体的弯曲程度来改变晶状体的焦距,从而使眼睛无论看远的还是看近的物体,视网膜都调节在晶状体的焦点位置",为了方便同学更好地了解视物的过程,我们将晶状体某个状态类比成一个凸透镜(convex lens),研究一下凸透镜的成像规律。

研究凸透镜的成像规律

实验目的

利用凸透镜,观察透镜的成像位置、成像大小、实像还是虚像;通过成像位置的变化,了解人眼晶状体要调节焦距的原因。

实验器材

凸透镜(放大镜)、镂空 F 字板(可与手电配合做发亮的物体)、手电筒、光屏、米尺、黑纸。

相关知识

(1) 凸透镜的焦点——平行光线通过凸透镜后会聚之点。

(2) 凸透镜的焦距——从透镜中心到焦点的距离,用字母 f 表示。

(3) 凸透镜的实像——物光透过透镜,能在光屏上呈现的像。

(4) 凸透镜的虚像——像照镜子一样看到的像,不能呈现在光屏上。

(5) 凸透镜的像距——从透镜中心到物体的距离,用字母 p 表示。

实验步骤

(1) 利用黑纸和手电筒,制造平行光,根据凸透镜焦点的定义,寻找凸透镜的焦点,并测量出焦距。

(2) 固定透镜位置,将物体与光屏分别置于透镜两侧。

(3) 将物体放在两倍焦距之外,移动光屏,直到出现清晰的像,将观察到的现象填写在表 9-1 对应位置中。

（4）将物体放在两倍焦距之处,移动光屏,直到出现清晰的像,测量像距,将观察到的现象填写在表9-1对应位置中。

（5）将物体放在一倍焦距和两倍焦距之内,移动光屏,直到出现清晰的像,测量像距,将观察到的现象填写在表9-1对应位置中。

（6）将物体放在一倍焦距之内,移动光屏,观察是否出现清晰的像,再用眼睛直接透过透镜观察像,将观察到的现象填写在表9-1对应位置中。

表9-1　凸透镜成像规律研究

物距 p	成像情况			像距 p'	像的位置
	正/倒	大/小/等大	实/虚		
$p>2f$	○正 ○倒	○大　○小 ○等大	○实 ○虚		○同侧○异侧
$p=2f$	○正 ○倒	○大　○小 ○等大	○实 ○虚		○同侧○异侧
$f<p<2f$	○正 ○倒	○大　○小 ○等大	○实 ○虚		○同侧○异侧
$p=f$	不成像,光通过透镜成平行光线				
$p<f$	○正 ○倒	○大○小 ○等大	○实 ○虚		○同侧○异侧

实验结论

观测结果说明,对于同一个凸透镜,由于物体的距离不同,像的距离也不同。如果要保证物体距离变化,像距基本不变,就必须满足:

更换具有合适_____的_____。

这也说明眼睛要看清不同距离的物体,必须调节晶状体的弯曲程度,从而保证眼睛无论看远的还是看近的物体,视网膜都调节在晶状体的_____位置。

思考讨论

（1）探究了凸透镜的成像规律,你对透镜的研究方法是否有一定的感悟呢？现在如果给你一个凹透镜,或者平面镜,或者透镜组,你都可以自己研究了吗？

（2）从凸透镜成像规律的研究中，你是否感悟到人眼的近视和远视的预防、矫正、治疗问题？

（3）我们分析凸透镜的成像规律，目的是研究视错觉图为什么能让我们产生错觉。回忆前面讲过的视觉过程，想想是否已经发现在这个过程中，隐藏着某些视错觉的原因？

通过上面的学习，同学们能够定性地了解眼睛的工作过程，你有没有其他的发现呢？接下来我们进行一个有趣的体验。

实验探索 ▶▶

寻找自己的盲点

同学们现在了解了眼睛的构造，事实上人的眼睛还隐藏着很多未知的秘密和有趣的现象。大家是否知道，在眼球的后壁上有视神经乳头，这个视神经乳头又称盲斑（blind spot），因为盲斑的位置是视网膜上视神经的始端，它无法感知光，从而接收不到光信息。

现在请同学们拿出一张白纸，画上左右两个直径约2～3毫米的实心小圆点，并让它们相距约7厘米（图9-10）。将白纸放在明视距离处，遮住（或闭上）左（或右）眼，聚精会神地盯着左边（或右边）一个小圆点看，用余光观察另一个小圆点。前后慢慢移动白纸，你发现了什么？

图9-10　盲点测试图

既然盲点一直存在，为什么我们平时会没有感觉？

_____

_____

_____

§9.2.2 可见光所携带的信息如何被感知

一、可见光携带了哪些信息

前面分析了我们可以看见光,但是视错觉图为什么会误导我们的眼睛呢? 我们看到的光到底携带了哪些信息呢?

所谓可见光(visible light),是指在电磁波谱中人眼能够感知的那部分电磁波。一般人眼可以感知的电磁波波长大约在400~760纳米之间(图9-11)。

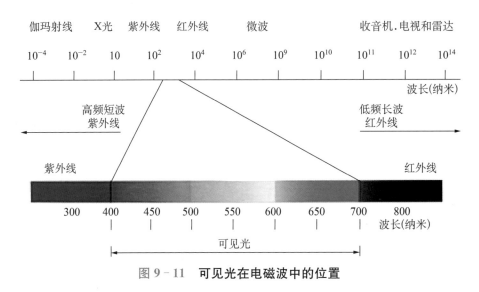

图 9-11 可见光在电磁波中的位置

我们看到物体后,之所以能够分辨物体的类型、形状、大小、远近及色彩,是因为光进入我们眼睛时携带了两大信息,一是光的强度,简称光强(light intensity),二是光的波长(wavelength)。光的强度,反映了我们所见物体的明暗程度;光的波长,反映了我们所见物体的颜色。

思考讨论

请观察周围长相不同、神色各异的同学,观察周围色彩缤纷、千姿百态的景物。想想看上去是否只是由光的明暗和色彩构成的?

我们已经知道,可见光是一种电磁波,作为波,它在传播的过程中还会携带有第3种重要的信息——相位(phase)。由于人眼不能直接感知光相位的信息,相位的问题就不在这里讨论。不过千万不要以为不能直接感知的信息就不重要,现代光学应用离不开对光的相位的研究。光的干涉(interference)和衍射(diffraction)(图9-12)都和光的相位有关。掌握了相位的知识,同学们还可以理解全息图,说不定还可以创造条件亲手拍一张全息照片(不过一般要等到进入大学学习理工科专业,你才会有这个机会)。

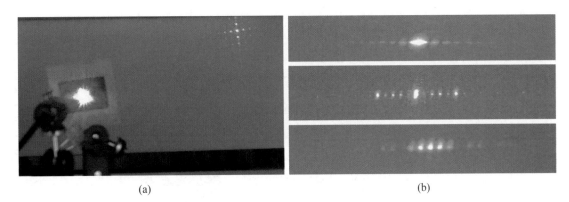

(a)   (b)

图 9-12   几种干涉、衍射图样

二、可见光的信息如何被感知

我们已经知道光进入人眼时携带了两大信息——强度和波长,那么,我们的眼睛是如何感知这两大信息的呢?

在9.2.1节提过,视网膜上有感光细胞,感光细胞有视杆细胞(rod cell)和视锥细胞(cone cell)两种。视杆细胞在光线较暗时活动,对光有较高的敏感度,但不能作精细的空间分辨,也不参与颜色的辨别。在较明亮的环境中,视锥细胞发挥主要作用,它能看出颜色,也具有精细视觉。当我们晚上刚关掉房间中的灯时,会觉得要稍微适应一下,才可以看到周围的东西,就是因为环境由明变为暗,我们眼睛中的视锥细胞要"下班",视杆细胞要"上班",这个功能转换需要一点时间,但这个时间不会很长。

现在已经知道可以辨别颜色的是视锥细胞。视锥细胞有3种,分别对红、绿、蓝3种光线特别敏感。所以,红、绿、蓝这3种颜色被定义为三原色(图9-13)。

可以用红、绿、蓝三色光的不同强度比例组合出所有的颜色。计算机显示屏的彩色就是根据这一原理呈现的。当某种颜色的光,比如黄光,无论是单色光(只含一种黄色波长的光)还是复合的光(红光和绿光复合,或其他若干种光复合而成),进入眼睛后,分别对红、绿、蓝3种视锥细胞进行相应程度的刺激,便使眼睛看到这种颜色。我们无法分辨某种颜

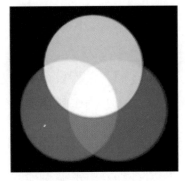

图 9-13   三原色

色的光是由一种波长还是若干波长的组合,这恰好说明,我们只有红、绿、蓝3种视锥细胞。

NEW 物理探索 走近力声光电磁

实 验 探 索 ▶▶

可以用红、绿、蓝的不同强度比例的光组合成所有颜色的光，如图 9－13 色盘所示。当红、绿、蓝 3 种光强度相同、组合在一起的时候，显示出白色。反之，可以说明白色的光可以由红、绿、蓝组合而成，也可能由很多颜色组合而成。

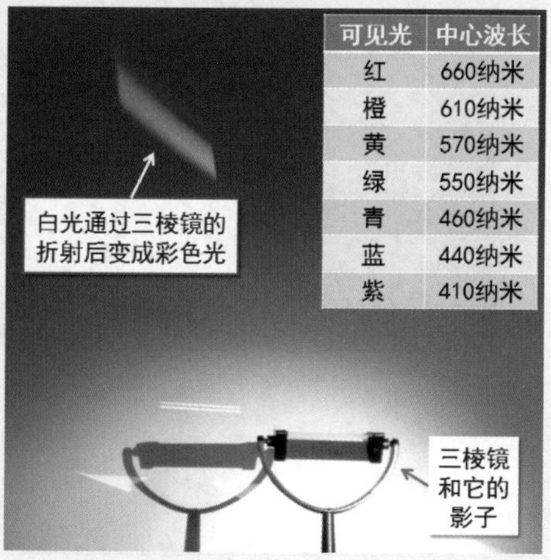

可见光	中心波长
红	660纳米
橙	610纳米
黄	570纳米
绿	550纳米
青	460纳米
蓝	440纳米
紫	410纳米

白光通过三棱镜的折射后变成彩色光

三棱镜和它的影子

图 9－14　牛顿三棱镜实验示意图，右表给出七色光中心波长值

1. 牛顿三棱镜验证实验

实验原理

白光由各种颜色的光组成；当光进入玻璃等透明物体中时，不同颜色的光折射的角度不同。

实验器材

三棱镜，白光源。

实验方法

在阳光或白色灯光下，观察光通过三棱镜后出现不同颜色的光（图 9－14）。

2. 牛顿盘设计实验

实验原理

三原色可以组合成任意颜色；人眼有视觉暂留现象。

实验器材

卡纸，小棒，细绳，三原色颜料。

实验方法

(1) 自行设计牛顿盘，并完成制作。

(2) 用牛顿盘演示三原色可组合成白色的效果，谈谈你的制作心得：

_____

_____

(3) 用牛顿盘演示三原色可组合成任意色的效果，写下组合之后的颜色变化：

_____

_____

三、互补色的感受

人们曾经通过许多实验,验证了红、绿、蓝 3 种视锥细胞的存在,但是有一个互补色现象(对比色)非常奇怪。

当两种色光混合而能产生白光,这两种颜色互为补色(complementary colour),可以用色轮(图 9－15)表示。色轮(color wheel)是表示最基本色相关系的色表。色轮上 90 度角以内的几种色彩称作同类色(similar color),也叫近邻色(neighbor color);90 度角以外的色彩称为对比色(contrasted color)。色轮上每条直径两端相对位置的颜色叫补色,也叫相反色(opposite color)。

图 9－15　色轮

用一些互补色画出的图,能够使人眼的视锥细胞上当受骗。如图 9－16 所示,图(a)中两只猫看上去头部颜色显然不同,但图(b)是去掉背景后的这两只猫,显然从头到尾颜色都相同。图(b)真是图(a)中去掉背景后的这两只猫吗?似乎不可信!用 Photoshop 软件试着回答这个问题:在从左到右 4 只猫的耳朵下方头部分别截取同样位置一小块进行复制,从左到右按照猫的排列顺序粘贴在图 9－16(b)的右上角,现在你信服了吧? 4 只猫的头部颜色并无差别!

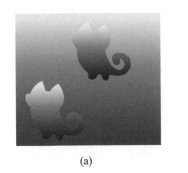　　

(a)　　(b)

图 9－16　左边两只猫就是右边两只猫吗

人们发现,由于黄色和蓝色是互补色,在互补色的背景下,人眼对其色彩感会特别强化。所以,在图 9－16 中,蓝背景中的头显得特别黄,黄背景中的头显得特别蓝。这种现象很奇怪,我们该如何解释这个现象呢?

早在 1864 年,德国生理学家埃瓦德·黑林提出的视觉拮抗理论,可以解释颜色互补现象。他提出人有相互拮抗(antagonism)的 3 对视素:红与绿、黄与蓝、黑与白,每一对要素中的一个停止作用,另一个就激活。黑林的拮抗理论可以解释负后像现象(negative afterimage)。例如,假使一直盯着蓝色看,随即闭眼后转向看白色,会看到原来眼中蓝色的位置变成黄色。这是因为白色中的蓝色被抑制了,黄色便特别突出。红与绿、黄与蓝、黑与白,各自互为负后像。

接下来让我们做实验探索、体验负后像现象。

实验探索 ▶▶

体会负后像现象

请盯着图 9-15 色盘看上约 50 秒,闭上眼睛后将头迅速转向白色的天花板或者白墙,睁开眼睛看到的是原来色盘的负后像,即色盘旋转了 180°后的图像。

当然你看到的不是真实物体,所以没有图 9-17 所示的如此清晰。

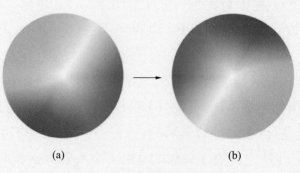

(a)   (b)

图 9-17 图(b)是图(a)的负后像

当今对视色觉的研究一直在逐步深入,有报道在动物眼细胞实验中发现,真的还有别的细胞在互补色现象中起作用。颜色的感知是个十分复杂的过程,除了视网膜的各种感光细胞起作用,还有传递信息的神经细胞和大脑相应中枢的作用。人的色觉机理,目前还没有完全被揭秘。

从产生错觉到学习产生错觉的过程,同学们是不是感觉很神奇?接下来请你利用所学到的知识创作一幅作品。

实验探索 ▶▶

创作补色错觉艺术作品

利用人眼对互补色的感受创作补色错觉艺术作品,与同学们交流后选出佳作进行交流评比。

§9.3 人为什么不能完全正确感知光信息

从前面的学习中可以看到,人眼在观看事物时,是有可能发生偏差的,这些偏差的产生与我们的人眼结构和生理特点究竟存在怎样的关系？

在分辨精度方面,眼睛和一切光学仪器一样,都是有一定限度的。同学们可以研究一下,哪些局限性可以导致人眼对哪一类图产生错觉。

§9.3.1　人眼分辨极限角

如图 9-18 所示,当我们近距离观察人时,可以看清人的毛发;但若人距离我们 5 米远时,我们恐怕只能欣赏他们灵动的眼睛;若距离我们 10 多米远时,感受到的就是他们的身材或舞动的肢体……显然,距离越远,越看不清细节。当人们距离我们足够远时,看上去就是一个点,再远下去时连那个点也会看不到。

图 9-18　距离越远,越看不清细节

当两个物点靠得非常近时,人眼就可能无法分辨它们。当两个物点恰好能被人分辨时,从两个物点射向人瞳孔的两条光线之间的夹角,称为人眼的最小分辨角 (minimum resolution angle)。当远处的人从头和从脚分别射向我们的两条光线之间的夹角小于最小分辨角时,我们就看不到这个人了。

作为光学仪器,最小分辨角的计算是有公式的。利用这一公式,可以算出当波长为 555 纳米的黄绿色光,进入半径约为 1 毫米的瞳孔时,最小分辨角大约为 1 分(1/60 度)。这个计算结果表明,在眼前方 25 厘米的地方,眼睛可以分辨出相距大约 0.1 毫米的两个点。而在眼前 50 厘米的地方,两个点则要相距大约 0.2 毫米才可以被分辨。

上面的计算实际上是个估算值,因为人眼的分辨极限角与光的波长、强度,以及人眼的差异都是有关系的。

思考讨论

（1）一般来说,显示屏的分辨率越高,观看时当然也就越舒服,但是也不能无限制地提高,过高的分辨率是没有意义的。这是为什么呢？

（2）当光照太强、太弱或背景亮度太强时,人眼的最小分辨角会有什么改变？

实验探索 ▶▶

测一测你的最小分辨角

在纸上用黑色水笔画出两条黑色的平行线,两条平行线之间的距离为 d。一个同学举着纸逐渐向后退,另一个同学蒙上一只眼睛,用另一只眼睛观察纸上的平行线,直到不能分辨两条平行线为止。测量两个同学之间的距离 L,就可以算出所测眼睛的最小分辨角。计算公式为

$$最小分辨角 = \frac{d}{L} \cdot \frac{180°}{\pi}$$

同学们可以尝试改变两条平行线的距离、粗细和颜色,测得的最小分辨角会如何变化?让我们来试一试吧!

_____

_____

_____

§9.3.2　人眼分辨的极限波长差

其实人眼分辨颜色的本领还是不错的,在可见光谱的范围内,波长长度只要有 5 纳米左右的增减,就可以被看出是不同的颜色。也就是说,人眼分辨的最小波长差是在 5 纳米以下。但这种分辨是有条件的,必须两种颜色同时出现并且靠在一起,才可能比较出差别。同时,这一分辨本领与光的颜色也有关,在可见光波长的中间区域,人眼分辨本领相对较强。

总之,人眼分辨颜色的本领是有限制的,并且还存在着视觉拮抗作用①。

§9.3.3　人眼分辨的亮度差

当光的亮度增加或减少得极少时,人眼未必可以觉察。所以,计算机系统把三原色各自的亮度设置为 0 到 255 个等级,而不需要一个非常大的数值。

此外,关于亮度的视觉规律,还存在马赫带效应(mach band effect)。1868 年,奥地利物理学家、心理学家马赫发现了一种亮度对比的视觉效应。当亮度发生跃变时,会有一种边缘增强的感觉,视觉上会感到亮侧更亮、暗侧更暗。如图 9 - 19 所示,每条带内部亮度是均匀的,但由于左边与暗带相邻,右边与亮带相邻,看上去感觉每条带的左边比右边更

---

① 拮抗作用:当影响事物变化的若干因子中,某因子对其他某一或某些因子起到的抑制作用,称为拮抗作用。

亮。如何才能证明图 9-19 中"每条带内部的亮度是均匀的"?

图 9-19　马赫带

§9.3.4　人眼分辨的极限时间差

由于视觉暂留的现象,人眼无法分辨极短时间内的图像变化状况,因而人眼分辨的极限时间差就是视觉暂留的时间值。

视觉暂留现象(persistence of vision)是指光信息从视网膜传入大脑神经,其处理需要经过一段短暂的时间,光的作用结束后,视觉现象并不立即消失,这种残留的视觉称为"后像"。因而,当图像变化的速度太快,残留的"后像"尚未消失,我们无法看到变化中的每一阶段。带有图像变化信息的光虽然连续不断地射向视网膜,却无法全部被看到。反之,类似电影胶带上的画面,一帧帧非连续的动作图像,只要将放映速度设置得足够快(现代电影标准是每秒 24 帧),我们在观看时就能感觉到动作是连续的。

当然,由于视觉与大脑的意识有关,对运动连续性的感知还与复杂的心理因素相关。通常人们会根据经验,把两个以较快速度先后出现的动作之间的过渡动作在脑中呈现,以致我们分不清刚才的状态是看到的还是想象的。

思考讨论

(1) 视觉暂留现象在生活中比较常见,你能举出一些例子吗?

(2) 你还有其他什么办法证明视觉暂留现象的存在?

实验探索 ▶▶

我的动画设计

利用视觉暂留效应设计一个可演示动画的装置。

评出最佳作品奖,以及最佳设计奖、最佳制作奖、最佳故事奖、最佳美术奖等单项奖。

§9.3.5 人的两眼有视差

经大脑合成后的

左眼看到的　　　　　右眼看到的

图 9－20　左右眼看物有视差

由于人用两只眼睛看事物,而两只眼睛一只偏左、一只偏右,因而看到的同一个物体,也会有一定的差别。如图 9－20 所示,当酒杯和瓶子放在人的正前方,左眼看到的和右眼看到的会有一定偏差。如果大家对此产生怀疑,你们可以左右手各伸出一根手指,一前一后放在自己鼻子的正前方,然后闭上右眼,用左眼看手指,再闭上左眼,用右眼看手指。你会发现两次看到的位置都不一样。

当左眼和右眼都睁着看物体时,由于大脑会自动把左眼和右眼看到的两幅图像迅速合成后才被人所感知,也就是说,即使两只眼睛看到不同图像,经大脑合成后,还是会还原为正确的图像。利用这一现象,人们发明出各种类型的立体图、立体电视、立体电影等技术。这些立体技术也是错觉艺术的一种,都是想方设法使人将平面的图像误认为是立体的。你一定会对这类技术感兴趣,我们以后也会继续讨论这个话题。

思考讨论

(1) 要分析清楚视错觉这一涉及面很广的多学科交叉问题,思考时应该更加全面周到。例如,应该注意到在我们观察图片时,难免不时眨眨眼睛、不时转动眼球、目光聚焦点会在图上漂移等。

(2) 你现在是否有能力分析所见到的错觉图,为什么会令人产生错觉?

(3) 通过对人眼的分析,你是否能够自己创作几种错觉图?

§9.4 做几幅让人上当的图

通过对前面内容的学习,想必大家对错觉图已经有了一定的认识,下面就让我们一起进入有趣的错觉图世界。

现在有几幅自制的错觉图,对你来说,是难还是容易?

1. 哪只兔子大

在图9-21中,你能分辨出两只兔子哪只大?

图9-21 两只兔子哪只更大

其实,图中的透视背景图和兔子都是在网上找来的。接下来教同学们制作这张图片的过程。

(1)先在 Photoshop 软件中打开透视背景图。

(2)再把一只兔子图片粘贴并调整到合适大小。

(3)然后把这只兔子复制、粘贴在图上,可见两只兔子一样大。

(4)最后,把两只兔子放在现在这样的一前一后两个位置。

(5)你看看是否会让人感觉后面那只看起来离我们远些的兔子显得更大一些?

动手试着做一幅让人明显产生大小不一错觉的图,可以用电脑绘制,也可以自己手绘。

2. 看图找中点

在图9-22中,三角形中线上的中点是 A 点还是 B 点?你找对了吗?说说这类错觉图令人产生错觉的原因是什么?

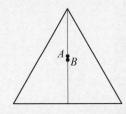

图9-22 找三角形中心线上的中点

图9-23 蜜蜂采到蜜了吗

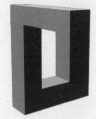

图9-24 矛盾的空间

如果让你通过找圆心而产生错觉,思考一下如何让人产生错觉呢?

3. 神奇的小蜜蜂

同学们在观察图 9-23 时,需要拿着图片,将它慢慢地靠近你的双眼,观察接下来发生了什么? 为什么会出现这种现象呢?

_____

_____

相信同学们能够通过奇思妙想创作出惟妙惟肖的作品。在你创作的时候,可别忘了想想这是为什么。

4. 矛盾空间

同学们思考图 9-24 这样的空间可能存在吗? 第一眼看上去似乎不可能,我们是否也许可以做出来? 同学们动手试试看,能不能亲自做一个属于自己的"矛盾空间"。在下面写出你的设计方案。

_____

_____

_____

5. 小人国来使

同学们是不是觉得图 9-25(a)①的状况似乎不可能。但是如果把图(b)的照片拿出来,恐怕你会立刻恍然大悟。思考一下这是为什么呢?

(a)　　　　　　(b)

图 9-25　小人国使者?

---

① 图片来源:透视错学图,http://www.maniacworld.com/perspective-illusion.html。

通过上面的学习分析，你能拍出这样以假乱真、看上去不可思议的照片吗？

图9－26 咖啡馆广告

其实，生活中有些错觉图也很有趣，比如，在电脑屏幕上出现的动态错觉图非常迷惑人。同学们可以查找这类资源，通过相互交流发现其中的奥秘，并尝试自己创作出动态错觉图。

视错觉图（paropsis illusoria）为心理学和生理学研究提供了一条途径，也被人运用于艺术创作，如海报设计和景观设计。图9－26便是日本著名设计师福田繁雄为UCC咖啡馆设计的宣传海报。视错觉图给人以强烈的视觉冲击，使人产生联想和猜测，令人回味无穷、念念不忘，从而起到一定的信息传播作用。你能够为学校或班级做一张宣传画吗？能够使用视错觉的创作手法吗？

第9章我们分享了有关视觉的基本知识，也分享了一些视错觉图。同学们一定觉得很有趣，不过有些爱探究的同学可能会觉得并没有对错觉图进行详细而全面的分析。相信同学们一定在网上看到过很多种视错觉图，每一类视错觉产生的原因到底是什么？似乎很难查到清楚的答案，同学们可以尝试继续研究。

第 10 章

光 的 幻 象

§10.1 普氏摆到底如何运动

大家见过科技馆的普氏摆(Platts pendulum)吗？如图 10-1(a)所示，一个单摆四周有一些竖直的细圆柱。让单摆在一个平面里摆动,如果在双眼观看时,用茶色玻璃片遮住一只眼睛,另一只眼睛无遮挡,你可以看到这个单摆的运动由平面摆(plane pendulum)(图 10-1(b))变成椭圆锥摆(elliptic conical pendulum)(图 10-1(c))。普氏摆周围一根根的立柱是作为参照物(reference object)而设置的,因为有了这一根根的立柱,圆锥摆的感觉更为强烈。

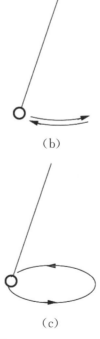

(a)　　　　　　　　　(c)

图 10-1　奇怪的普氏摆

在百度网可以找到："1922 年，德国物理学家普尔弗里奇（Carl Pulfrich）发现人眼的一个奇异生理现象，即当一个用绳子悬吊的重摆在一个平面内作往复摆动时，如果我们用一块茶色镜遮住一只眼睛，同时睁双眼看到这个运动摆的轨迹就会从单摆轨迹变为椭圆形锥摆轨迹，普氏摆之谜至今没有被完全解开。"原来，利用有色眼镜遮住一只眼，用双眼观察的单摆称为普氏摆，是因为这一奇怪的现象是由普尔弗里奇最先发现的。

同学们可以自制一个普氏摆（图 10-2），挂在家里的灯罩上，可用铁丝自制一个参照物，用墨镜遮挡一只眼，双眼观察。可以发现，当右眼有墨镜遮挡时，普氏摆的旋转方向如图 10-1 中的圆锥摆旋转所示方向；反之，当左眼有墨镜遮挡时，普氏摆的旋转方向与图 10-1 中的圆锥摆旋转所示方向相反。这是为什么呢？同学们可以自己做个普氏摆仔细观察。

图 10-2　自制普氏摆

§10.2　立体感从何而来

§10.2.1　双眼观看产生立体感

人们在观察普氏摆时，会把二维平面运动看成三维立体运动，所以在研究普氏摆之前，我们先来了解人为什么会产生立体感。

通过第 9 章的学习，我们已经知道，现在所见到的物体是在视网膜上所成的像。对每只眼睛来说，其视网膜上的像都是二维的。我们还知道，两只眼睛从左右不同的角度看物体会有视差，因而在左右眼的视网膜上形成的两个二维像是不同的。这两个不同的二维像，通过大脑处理，就会形成一个有三维空间感的像。所以，立体感是我们用两只眼睛看出来的。

单眼缺乏真正的立体感，这是可以以通过实验进行验证的。接下来请同学们亲自动手感受一下吧！

实验探索 ▶▶

图 10-3 描绘的是一个证实单眼视物缺乏立体感的实验。将一支铅笔放在桌边或请他人手拿，一只手拿另一支铅笔，当双眼均睁着时，让两个笔尖迅速准确对顶，是一件很容易的事；然而闭上一只眼后，这个任务就很难完成。手拿铅笔向桌上的铅笔尖移动时，不是位置偏前就是偏后。

图 10-3　一个证明单眼视物缺乏立体感的实验

有的同学可能认为，我一只眼睛也能分辨远近。单眼放眼窗外，楼房层层叠叠，孰远孰近，一目了然啊。对，确实能分辨，但是这是凭借光的明暗、线条的虚实、物的大小和遮挡情况，以及我们对物体体貌的经验了解，可以清楚地辨别前后深浅。更何况还存在调节效应（moderating effect），即眼睛看远看近，可能存在眼睛肌肉调节的感觉。不过当所观物体距离我们超过 5 米时，这个调节效应就不存在了[①]。

所以，单眼立体感并不是直接意义上的立体感。

§10.2.2　欣赏平面立体画

既然一只眼睛看风景时，把立体看成平面，还以为是立体的，那么反过来，平面的图片也可以在某些场合让人感觉是立体的、真实的。所以，照相馆的布景可以让你足不出户，就能拍到世界各地的游览照，可以以假乱真；环球影城的背景墙（图 10－4），不知在多少电影中惟妙惟肖地出现过。图 10－5 是网上资料"令人目瞪口呆的西方 3D 立体画"[②]中所介绍的德国卡车车身艺术画，是否令人叹为观止呢？

图 10－4　洛杉矶环球影城的大型背景墙

图 10－5　卡车车身立体画

有一类立体画，叫做随机点立体画（random dot stereogram），由美国贝尔实验室的朱尔兹（Julesz）于 1960 年首先用计算机制成。理解了随机点立体画的作画原理，也许还有助于我们对普氏摆的分析。

随机点立体画看上去杂乱无章，但要看出画中的立体感，必须采用特别的方法。平常

---

① 关于单眼立体感，摘自山东大学于凤丽硕士学位论文《2D－3D 视频转换中深度图生成方法研究》，第 13 页。

② 来源：网民节，http://www.wangminjie.cn/lianjie/listinfo-79176.html。

我们欣赏一幅画时,双眼聚焦在画面上,想看画的哪一部分,两只眼睛就会同时转向那一部分。如果观看随机点立体画,采用以往的方法就无法看出立体效果。

为了让左眼和右眼各自看到物体的不同侧面,从而使眼睛看出立体效果,在随机点立体画的左右两部分,隐藏着左眼和右眼分别应该看到的三维物体的左侧和右侧。我们要训练自己的眼睛,左眼看画面的左边,右眼看画面的右边。这当然有点难。

通过观察图 10-6①,可以学习欣赏随机点立体画的方法。观看时把画看成是玻璃门,你要看清的是门内深处某个假想观察物。因此,你的眼睛要通过画面、聚焦在画面背后某处。这样一来,就如图 10-7 所示,图 10-6 中的不同部位分别在你的两只眼睛的视网膜上成像,让你左眼看到了左眼应该看的,右眼看到了右眼应该看的图像,使大脑得到合成后的立体感。

图 10-6　画中有一个凸起的心,被一支箭从左上向右下斜穿,心的左下方还有"love"4 个字母

图 10-7　立体画观看方法

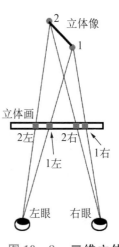

图 10-8　三维立体画原理图

立体画的原理如图 10-8 所示。眼睛看到的立体像点 1(近点),是画面上 1 左和 1 右两部分画面分别在左右眼视网膜上成像的结果,而眼睛看到的立体像点 2(远点),是画面上 2 左和 2 右两部分画面分别在左右眼视网膜上成像的结果。

这类立体画很有趣,但是在看图的时候需要一定的技巧,也许有些人觉得十分困难。如果你理解了其中的原理,这一技巧掌握起来也许就更方便些。

§10.3　挑战传世之谜普氏摆

为了研究普氏摆,我们在前几节中探讨了人的立体感从何而来。现在让我们对普氏摆进行研究。

① 图片来源:刘红石立体画,http://www.liuhs.com。

有研究表明,其他可观察的运动系统也可能发生类似普氏摆的现象(Pulfrich-like phenomenon),从而导致目标物体深度探测的误判。这一误判有可能会在某些场合产生危害,但它是否也可能发展为一种新的立体影视技术? 因此,研究普氏摆现象有一定的实际意义。运用之前学过的知识,让我们一起走进普氏摆的奇妙世界!

对于普氏摆这个 1922 年发现的奇怪现象,较为公认的研究结果是:相对于未遮挡的眼睛而言,被滤光片遮挡的眼中的刺激物信号,在被从视网膜传导到皮层的过程中会出现一定的延时,即看到的小球比实际小球所在的位置滞后,从而导致成像位置的深浅变化。由图 10-8 所知,人眼的成像过程如下:左眼和右眼先各自分别成像,最终成像的位置是在这两个像的连线或连线的延长线的交点处。

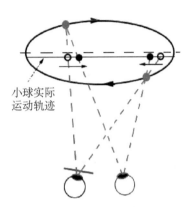

小球实际
运动轨迹

● 感觉做圆锥运动的小球

● 实际小球位置

○ 看见的时滞小球

图 10-9　普氏摆延时假说原理图

在图 10-9 中,左眼放了滤色片,成像有了延时,左眼看到的摆球比右眼看到的摆球位置滞后,故称之为时滞小球(delay ball)。当摆球从左往右运动时,双眼视线的交点在距离眼睛较远的弧线上;当摆球从右往左运动时,双眼视线的交点在距离眼睛较近的弧线上。所以,最终眼睛看到的是圆锥摆。若遮住的是右眼,则观察到的是逆时针转动的圆锥摆。

近年来有人撰文对此结论表示质疑,并且设计了实验进行反驳,提出眼动跟踪系统滞后的假说[1]。该假说认为人们在观察运动物体时,有眼动跟踪现象,否则无法保证被观察的物体在视网膜的中央成清晰的像。当摆球运动到轨迹两端,改变物体运动方向,遮有滤色片的眼睛在跟踪目标物时,眼动滞后,从而造成深度知觉。

思考讨论

通过上面的分析,你认为哪个观点有道理?

查找资料,仔细思考,是否还有其他假说?

前面对普氏摆进行了初步的研究,现在请同学们按照下面的步骤对普氏摆进行深入的研究。

---

[1] 来源:"普氏摆现象形成机制的探讨",汪亮、邱锦辉、杨仲乐,《现代生物医学进展》,2010,20(7)。

○○○○○○○○○○○○○○○○○○○○○○○○○○○○○○○○○○○○○

普氏摆原理的探究

实验器材

不同颜色、不同深浅、不同厚度(可用增加层数的办法增加厚度)的滤色片,铁架台,小球单摆,小木条。

实验原理

控制变量。

实验方法

(1) 提出猜想:在双眼同时观看做平面运动的单摆时,当一只眼睛被什么样的滤色片遮挡,可以看成单摆在做圆锥运动? 其原因是什么?

(2) 理论学习:查阅资料,请教他人,自学知识。例如,光通过滤色片,是否会传播得慢一些? 晚到达眼睛的时间怎么计算? 相差的这些时间是否是产生立体感的原因? 这些问题需要学习折射率(refractive index)、光程(optical path)、真空中的光速(the speed of light in vacuum)等物理概念,才能够得到解决。

(3) 动手实验:利用铁架台、单摆小球和小木条,按照图 10-1(a)做一个普氏摆。

依次用各种各样的滤色片分别遮挡左眼或右眼,对普氏摆进行观察,在做实验前设计好表格,将观察到的现象记录在表格中。

用不同的滤色片同时遮挡左右眼,观察滤色片的哪些性质对结果有影响。观察的结果也记录在事先设计好的表格中。

(4) 自行设计实验,研究滤色片厚度对观察的影响。

(5) 分析所有的实验数据,得出结论。

在分析实验数据、获得研究结论的过程中,如果你觉得实验数据不够严密、不够理想或者结论与自己的猜想相背离时,需要重新研究。

§10.4 立体影像的实现

大家都应该看过一些立体电影、立体电视和立体画。在看过之后,你可能沉浸在情节之中,回味画面的震撼,你是否想过电影的立体技术是怎样实现的? 一共有多少种实现立体影像的技术? 接下来让我们一起探究,看看能研究出有多少种可以实现立体影像的技术。

这个问题涉及很多研究领域,好在我们已经了解人的立体视觉主要来源于人左右眼

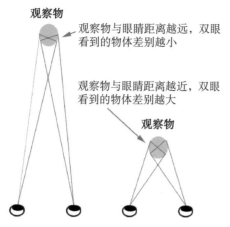

观察物

观察物与眼睛距离越远,双眼看到的物体差别越小

观察物与眼睛距离越近,双眼看到的物体差别越大

观察物

图 10 - 10　左右眼视差的程度随距离的增加而变小

的视差。如图 10 - 10 所示,物体离我们越远,左、右眼看到的物体视觉差别越小。当左右眼看到的物体几乎没有差别时,说明这时这个物体距离我们极其远,此时,左眼和右眼到物体连线的夹角可以近似视为零。显然,要产生立体视觉,就是要想办法让人的左右眼分别看到能产生立体感、并且有一定程度差别的场景。

如果想要了解现有的立体技术,如果想在未来自己也发明某种立体技术,那么,就要掌握两方面的基础知识:一是关于光的特性的知识,二是关于双眼观物的知识。

关于眼睛的结构和观看物体的知识,我们已经了解了不少,这里再补充一点,那就是双眼观物存在视差是因为左右眼瞳孔之间有一定的距离,我们把这个距离称为立体间距(distance in three-dimensional space)。在立体视觉技术上,立体间距通常取人类双眼的平均间距 63 毫米。每个人的瞳孔间距虽然略有不同,但大脑都会在接收双眼视觉图像后自动进行补偿处理。图 10 - 11① 是两款立体相机,两个镜头就好比人的两只眼睛,可以拍下两只眼睛应该分别看到的两幅图像。

（a）　　　　　　　　　　（b）

图 10 - 11　两款双镜头立体相机,(a)为胶卷式,(b)为数码式

思考讨论

　　如果现在有两只眼睛应该分别看到的两幅图像,有什么办法可以让左、右眼同时只看自己应该看到的那一幅呢? 动动脑筋,你能想出几种办法? 提示可以根据眼睛的生理特征和光的特征等方面进行思考。

§10.4.1　分空间法

　　在我们的脸上眼睛是怎样生长的? 一左一右,在鼻子两边! 现在有两幅图,有什么办

①　图片来源:(a) http://www. 997788. com/a1285/12096119/;(b) http://product. pconline. com. cn/pdlib/436362_bigpicture3440997. html。

法可以做到一幅只给左眼看,另一幅同样只给右眼看? 图 10-12 所示的操作可能对你有启发。左手握一纸筒或者让拇指和四指对接,中间形成一个圆孔;右手掌伸平,虎口紧贴左手。将双手挡在双眼前,左眼看左手形成的洞,右眼看右手背,你是不是看到自己的手掌像是缺了一块肉? 你知道这是为什么吗?

图 10-12　实际看到的是自己的右手掌有个缺口

你是否想到图 10-13(a)这样的装置? 立体画从立体镜上的狭缝插入,能够很方便地让两只眼睛各自看自己应该看到的图画。图 10-13(b)是一套很古老的立体照片。

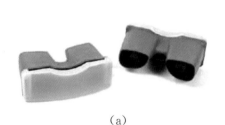

（a）

（b）

图 10-13　分空间法立体镜和立体照片

图 10-14 中的两款儿童玩具也是非常有趣的发明,你能看懂它们是望远镜、显微镜,还是立体镜吗? 下面我们将进行实验探索,制作神奇的立体图。

图 10-14　望远镜? 显微镜? 立体镜?

实验探索 ▶▶

自制分空间法立体镜

实验器材

黑卡纸,胶水,胶带,透明膜,白纸,描图纸。

实验方法

(1) 模拟左右眼所见,拍出两张立体感较强的照片或自己画图。

(2) 根据人眼的尺度,自行设计分空间法立体镜,并制作相应的模型。

(3) 根据分空间法立体镜的需要,对照片或图片做适当处理。

(4) 观看结果,改进方案。

思考讨论

（1）什么是VR？什么是AR？"VR＋AR"形成的混合技术被称作什么？

（2）分空间法立体镜与现在流行的VR技术有什么关系？

§10.4.2 分视角法

因为眼睛长在鼻子两边,我们发明了分空间法立体镜。因为两只眼睛之间有距离,看东西的角度不同,可不可以利用这一特点发明一种观看立体图像的方法呢?

图10-15是一幅分视角法立体画,裸眼直接观看即可。从照片中可以看到,因为拍摄的角度不同,前后马匹的左右相对位置有变化,看上去很像处于一前一后的两匹马。

图10-15　分视角法立体画　　　　图10-16　画面上贴有塑料膜

从图10-16可以看到,图中左下部画面向内卷起一角,于是清楚可见画面上原本贴有一层透明的塑料薄板。这类立体画上的透明塑料板上有密密的棱条,所以被称为光栅板(grating plate)(图10-17)。光栅板的每根棱条就是一条柱状透镜。光栅立体原理如

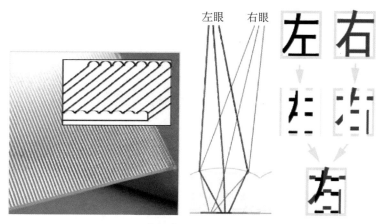

图10-17　光栅板及其立体原理示意图

图 10-17 所示,由于左右两眼是从每条柱状透镜的不同角度看过去的,两只眼睛看到的是画上不同部位的一幅画面。只要按照这一规律处理左右眼应该看到的画,就可以实现视觉立体感。

§10.4.3 时分法

时分法(time-share method)就是在时间序列上分左右眼观看。

我们知道,人眼存在视觉暂留效应,利用这一特点,也可以设计立体影视装置。设计思路是让电视机放出左眼看的图像时,左眼看,右眼不看;电视机放出右眼看的图像时,右眼看,左眼不看。当这个周期时间很短时,人就觉察不到左右眼在交替使用,从而感觉观看到连续的立体影像。

有什么办法可以达到上述效果吗?不要告诉我你的办法是让左右眼交替睁开和闭上。这样做肯定行不通,因为电视机播放左右眼的画面,一定是有固定时间间隔的,也就是周期是恒定的,而且必须很快,才能保证画面的流畅感。你如何能控制好自己的左右眼交替睁、闭的速度和节奏,并坚持看完一段视频?再牛的人也不太可能啊!

如果借助眼镜来实现上面的过程,需要什么样的眼镜呢?观察图 10-18,图中有两副眼镜,这两副眼镜能够观看时分法立体电视片。从画面上来看,除了眼镜,还有电视机、DVD 播放器和一个小盒子。DVD 输送给电视机的视频信号,是一帧给左眼看、一帧给右眼看! 也就是说,如果电视机的扫描频率是 100 赫兹,即每秒扫描 100 帧画面,那么其中 50 帧应该左眼看到,另 50 帧应该右眼看到。当然这两个 50 帧是左一帧、右一帧交替出现的。

图 10-18　时分法立体电视片观看装置

大家有没有想过那个小盒子起什么作用呢? 事实上,这个小盒子是控制器,相当于整套装置的"大脑"。当 DVD 开始往电视机输送视频信号时,控制器就能觉察到,而且因为控制器事先是根据电视机的扫描频率选配好的,所以,控制器能够立刻按照这个扫描频率发出无线或有线信号,命令眼镜的左右镜片交替关闭,以保证左右眼能各自交替看到自己应该看到的画面。

思考讨论

　　学习了时分法立体电视的原理后,估计大家还有最后一个问题,那就是眼镜接收到命令后,如何实现镜片的快速关闭和打开呢?你有什么办法吗?

实验探索 ▶▶

观察调研电控液晶玻璃的原理和应用

两副眼镜上装"门"了吗？什么样的"门"能够一秒钟准确开关几十次、精确控制光的通过和不通过？这种类型的物体就是电控液晶玻璃！

电控液晶玻璃的应用范围很广。仔细观察图 10–19①，图中的玻璃门断电时呈乳白色不透明雾状，通电时则呈透明。

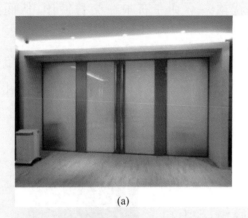 

(a)   (b)

图 10–19 **液晶光开关的应用之一：电控液晶玻璃门；(a)表示断电时玻璃呈乳白色不透明雾状，(b)表示通电时→玻璃透明**

时分法眼镜的镜片由电控液晶玻璃做成。眼镜接收到控制器的指令后，通过给镜片通电和断电的方法，保证左、右镜片在合适的时候交替实现透明和不透明。

研究任务

(1) 学习：请同学们观察电控液晶玻璃结构示意图(图 10–20)，查阅资料，学习有关液晶的知识，解释电控液晶玻璃结构中各层的作用。

(2) 调研：调研电控液晶玻璃的应用。

(3) 制作交流稿：制作交流稿(可以是 PPT 格式)，准备交流。

(4) 交流：交流并讨论。

(5) 思考：哪些地方还可以并值得应用电控液晶玻璃？你打算利用它做其他的发明创造吗？

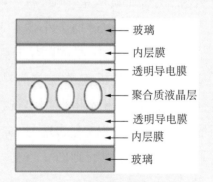

图 10–20 **电控液晶玻璃结构示意图**

玻璃
内层膜
透明导电膜
聚合质液晶层
透明导电膜
内层膜
玻璃

---

① 图片来源：智能调光、智能电控玻璃，http://goods.jc001.cn/detail/3137351.html。

§10.4.4 色分法

前面 3 种实现立体影像的方法是根据人眼的特征而设计的,下面我们看看是否可以根据光的特点设计观看立体影像的方法。

色分法(color separation method),是基于光的颜色而设计。观看时需佩戴左红、右湖蓝的眼镜,如图 10 - 21①所示。平时常有人称这样的立体画为红蓝立体画,其实这个蓝是红的互补色湖蓝,是"蓝+绿"的结果,所以也有人称它为红绿立体画。

（a） （b）

图 10 - 21 红蓝立体眼镜和立体图

当前,拍摄立体照片的方法有两种:一种是蒙滤色片法(color filter method),即在左相机镜头蒙上红色滤色片,右相机镜头蒙上湖蓝色滤色片。由于这两种颜色互为补色,因此通过同样颜色的镜片,才能看到同样颜色的镜头拍下的照片。还有一种方法就是用普通镜头,在左右两个角度拍下正常颜色的照片,用专门软件处理成立体图。

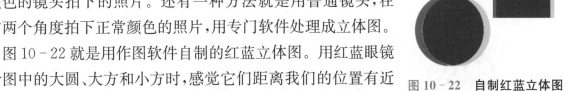

图 10 - 22 自制红蓝立体图

图 10 - 22 就是用作图软件自制的红蓝立体图。用红蓝眼镜观看图中的大圆、大方和小方时,感觉它们距离我们的位置有近远之分。通过观察这幅图,你明白了什么? 说说你的看法。

思考讨论

（1）通过观察图 10 - 22,可以知道红蓝立体画的画图方法是什么吗? 如果想在一幅画中有前前后后几只鸭子,需要怎么画?

（2）为什么选择"左红、右湖蓝"的方案设计色分法眼镜及相应的图像和视频? 下面的选择可行吗?

　　a. 右红、左湖蓝;

　　b. 左红、右绿;

① 图片来源,http://www.youboy.com/s1578985.html。

c. 左红、右蓝；

d. 左蓝、右绿。

（3）为什么在立体画中除了红色和湖蓝色，而没有其他艳丽的色彩，所有景物都是一抹灰色？

§10.4.5　光分法

在立体电影中现在普遍运用的是光分法（spectrophotometric method）技术，利用了光的偏振（polarization）性。下面来解释光的偏振性。

观察图 10‐23，光波类似不停抖动绳子产生的横波（transverse wave）[1]，所以光波是横波，只不过我们肉眼看不见它的波形。图 10‐23 中，人手上下抖动绳子，绳子上的每一部分都在竖直平面内上下振动，振动状态向着远离手的方向传播，即波的振动面为竖直方向，波传播的方向沿图中箭头方向，振动方向和波的传播方向垂直。如果我们贴着地面水平方向振动绳子，绳波沿地面传播，我们就说这波的振动面是水平方向，但是振动方向和波的传播方向还是相互垂直。

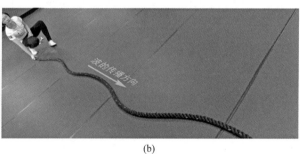

(a)　　　　　　　　　　　　　　　(b)

图 10‐23　振动面是竖直于传播方向的波

一般灯光、阳光等每一束光波，都是由许许多多这样的横波组成。不过光波传播的不是实物的振动状态，而是看不见的电磁振荡。因为光是横波，每一列光波的振动方向都和传播方向垂直，但是和传播方向垂直的振动方向可以有无数多个，所以，像灯光、阳光这样的光集合了各个振动方向都有的光波，这样的光称为自然光（natural light）。

---

① 横波：振动方向和波的传播方向垂直的波。

思考讨论

（1）用语言加手势描述"自然光集合了各个振动方向都有的光波，且振动方向和传播方向垂直"。

（2）用图示加语言加手势描述上述自然光的特性。

实验探索 ►►

绳波"偏振板"

实验器材

硬纸板，小刀，绳。

实验方法

（1）在纸板上用小刀切一条狭缝，能够让粗绳自由穿过，并且阻力比较小。这样一个绳波"偏振板"就做好了。

（2）将绳穿过狭缝，并请一位同学手持纸板，保持狭缝竖直，另外两位同学手握绳两端站立。

（3）请一位握着绳子一端的同学手不动，另一位同学尝试抖动绳子，产生绳波，并多次改变振动方向，形成不同的振动面。

（4）仔细观察什么样振动方向的绳波能够传到另一位同学那一端。

就像上述实验中带有狭缝的纸板只允许一种振动方向的绳波穿过，如果有一种材料只允许一种振动方向的光通过，把这种材料挡在自然光面前，我们就可以得到只有一种振动方向的光，如图10－24所示。偏振片就是这样一种神奇的材料，它允许通过的振动方向称为偏振片的偏振化方向（可用双向箭头表示）。如果一束光的振动面都是同一个方向，这样的光称为偏振光（polarized light）。偏振片把自然光变成偏振光的过程叫起偏（the polarizer）。光可以成为偏振光的这种特性称为光的偏振性

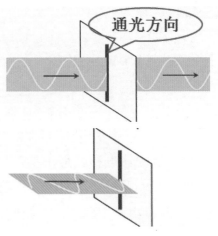

图 10－24　偏振片特性示意

（polarized of light）。

 实验探索 ▶▶

研究偏振片特性

实验器材

两片偏振片。

实验步骤

（1）通过一块偏振片观看光源（灯或窗口），发现：

＿＿＿＿＿＿＿＿＿＿＿＿＿＿＿＿＿＿＿＿＿＿＿＿＿＿＿＿＿＿＿

（2）将第2块偏振片遮在第1块偏振片和眼睛之间，发现：

＿＿＿＿＿＿＿＿＿＿＿＿＿＿＿＿＿＿＿＿＿＿＿＿＿＿＿＿＿＿＿

（3）保持眼睛通过两块偏振片观看，第1块偏振片不动，缓慢旋转第2块偏振片，发现：

＿＿＿＿＿＿＿＿＿＿＿＿＿＿＿＿＿＿＿＿＿＿＿＿＿＿＿＿＿＿＿

（4）按照你的想法，用偏振片观察，并记录观察方法和发现的现象：

＿＿＿＿＿＿＿＿＿＿＿＿＿＿＿＿＿＿＿＿＿＿＿＿＿＿＿＿＿＿＿

＿＿＿＿＿＿＿＿＿＿＿＿＿＿＿＿＿＿＿＿＿＿＿＿＿＿＿＿＿＿＿

实验结论

＿＿＿＿＿＿＿＿＿＿＿＿＿＿＿＿＿＿＿＿＿＿＿＿＿＿＿＿＿＿＿

＿＿＿＿＿＿＿＿＿＿＿＿＿＿＿＿＿＿＿＿＿＿＿＿＿＿＿＿＿＿＿

思考讨论

搜索并讨论偏振片有什么作用？能否利用它进行发明创造？

　　光分法立体电影就是在左右两架放映机前各装一块方向相互垂直的偏振片，它的作用相当于起偏器。从两架放映机射出的光通过偏振片后，就成为偏振方向互相垂直的偏振光，同时投射到银幕上。观众使用对应上述偏振光的偏振眼镜观看，左眼就只能看到左机放映出的画面；右眼就只能看到右机映出的画面，从而看到立体景象。

图 10－25 是立体电影原理示意图,图中有 4 个黑色箭头,分别表示 4 个偏振片的偏振方向。其中两个是分别挡在左、右放映机前偏振片的,另外两个是偏振镜片的。但是粗心的作图者画错了,你知道错误在哪里吗?

立体电影

图 10－25 找找这张立体电影原理图哪里画错了

§10.4.6 全息法

全息技术(holographic technique)是利用光的干涉而实现光的全部信息的记录和再现的技术,在军事、宇航、生物工程、现代测试、艺术、商业、安全等方面有着广泛的应用。全息立体照相技术比较深奥,在这里不作详细介绍,同学们可以通过观看全息照片,体会"全部信息"的含义。理解全息技术,一般还需要再学些物理知识。

让我们在这里纠正关于全息的一个"大众误解"。有一种比较流行的"全息投影",又称为"3D 投影"。这个技术是一种有趣的发明,看过的人无不惊叹其神奇的视觉效果,其实它既不是"全息",也不是"3D",仅仅是平面反射技术的巧妙应用!

如图 10－26① 所示,看上去似乎在空中有一可 360°全方位观看的立体人、物或景象,这个技术采用的不是物理意义上的全息技术,称为浮空投影(floating projection),倒还相对贴切。

思考讨论

仔细观看图 10－26 所示的装置结构(特别注意金字塔形玻璃上方),你能猜出它是采用什么技术,让观众可以围着物体转、看到物体的前后左右吗?

如果你猜出来了,就会觉得这种方法并不难,你自己也可以做出这种所谓的"全息投影"。

图 10－26 一种浮空投影的装置

实验探索 ▶▶

研究浮空投影成像的实现

实验器材

黑纸,三角板,透明胶带,透明塑料片,剪刀。

---

① 图片来源:https://b2b.hc360.com/supplyself/80380033461.html。

实验目的

(1) 自行设计研制金字塔形浮空投影装置;

(2) 凭兴趣和能力,继续深入研究浮空投影。

实验说明

(1) 本实验利用光的反射定律,即入射角等于反射角。根据反射定律,兼顾眼睛观察金字塔中间像的最方便角度,必须研究金字塔4个斜面的倾角。这是一个物理和数学的跨学科问题。

(2) 自行选择唾手可得的简单材料,自行设计并制作金字塔浮空投影装置,同时把装置做得尽可能美观和牢固,做得在一般白昼环境下能够清晰看见投影,这是一个艺术设计,也是一个工程问题;如果不是简单下载投影视频,而是自行进行投影视频的设计和摄制,那就是一个更大的工程问题了。

(3) 浮空投影装置不仅有金字塔形一种,同学们可以广泛了解各种各样的浮空投影的应用,并大胆尝试做出自己的创新设计。

实验方法

把研究结果写在自己的报告纸上。

实验体会

_____

_____

_____

思考讨论

(1) 浮空投影既然是看反射像,为什么不用镜子,而用半反半透的材料?

(2) 回忆前面介绍的几类立体成像技术,你认为还可能存在新的立体成像技术吗?

(3) 请思考随机点立体画是属于哪种方式的立体画? 还是自成门派?

（4）从上面的各种方法中，可以看到立体影像的观看方式有配镜和裸眼两类。虽然配戴眼镜不太方便，但对于色分法、光分法和时分法，似乎不戴眼镜还无法实现左、右眼同时只看自己应该看到的那一帧画面。请你思考，是不是有其他办法可以实现色分法、光分法和时分法的裸眼观看立体影像？

当今，除了娱乐，基于现代信息技术的立体视觉系统已越来越广泛地应用于人体探测、微创手术与靶向治疗等医学领域，也日渐在机器人导航、自动作业等领域发挥着越来越重要的作用。机器精准3D定位的研究尚无止境，需要高精技术，也需要数学、物理等基础理论的支撑。

第 11 章

光 的 幻 影

§11.1　彩色影子——"寻找爱因斯坦第二"的题目

1905 年,26 岁的天才物理学家爱因斯坦(图 11-1),一口气完成了 6 篇具有划时代意义的论文,其中包括现代物理学中 3 项伟大的成就:分子运动论(kinetic theory)、狭义相对论(special relativity)和光量子假说(light quantum hypothesis),影响了百年来的物理发展。这一年被称为"奇迹年",在"奇迹年"100 周年来临之前,全球物理学界一致呼吁将 2005 年定为"世界物理年"。该倡议由欧洲物理学会首先提出,得到国际纯粹与应用物理联合会的一致通过。2004 年 6 月,联合国大会第 58 次会议通过决议,确立 2005 年为"国际物理年"。2005 年全球物理学界组织一系列活动,纪念相对论诞生 100 周年,纪念爱因斯坦逝世 50 周年(图 11-2)。

图 11-1　阿尔伯特·爱因斯坦(1879—1955),犹太裔物理学家

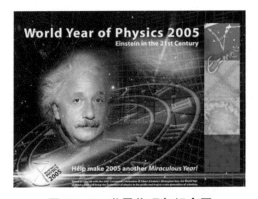

图 11-2　世界物理年纪念画

2005 年 4 月 19 日,在爱因斯坦逝世 50 周年纪念日,一束光信号从爱因斯坦工作过的普林斯顿发出,通过大洋光缆在 24 小时内周游地球,最后返回美国。在光传递的行程表

上,北京时间当晚7时至9时半被定为"中国时间"。从上海出发,这束光信号将分南、北两路传遍我国的34个城市,最后汇聚到北京。同时,一则消息传遍全球:

与光信号一起到达的还有一封来自普林斯顿的神秘邮件,其中包含了10个与物理学相关的、适合中学生的研究性课题,为的就是在全球范围内寻找"爱因斯坦第二"。10个课题中包括制造彩色的影子、自制自行车里程计、自制一个能测液体密度的杆秤、设计一个不受太阳位置变化影响的太阳灶等。"让我有一个彩色的影子"成为这十大问题之首。

下面就来研究"让我有一个彩色的影子"这个课题。每个人都有一个独一无二的影子,在印象中影子的颜色似乎只有一种——黑色(图11-3(a))。事实上,世界上真的有彩色影子,不论你信不信,它都是存在的(图11-3(b))。彩色影子到底是怎么实现的呢?

(a)   (b)

图 11-3 黑色的影子与彩色的影子

2005年以后,许许多多孩子研究了彩色影子。你是否也愿意从彩色影子开始,向"爱因斯坦第二"的方向努力吗?你是不是可以依照自己的样子设计出一个彩色的影子?

思考讨论

说起影子,大家都再熟悉不过。小时候,大家是否在灯光下借助墙壁做过手影游戏?这个手影是彩色的吗?

相信同学们知道皮影戏①(图11-4),手影的形成以及皮影戏利用的是什么光学原理?

图 11-4 皮影戏

---

① 图片来源:什刹海皮影主题酒店,http://www.chinaluxus.com/20121005/228048_8.html#p=8。

实验探索 ►►

手影游戏

实验目的

观察手影。

实验原理

光在均匀介质中沿直线传播。

实验器材

光源,背景墙。

实验方法

用光源照射手,让手影投在背景墙上。用手做出各种动作,使影子呈现出不同的形状(图11-5)。

图 11-5　手影游戏

你能用手影描绘多少种不同的形状? 为什么看你的手时看不出具体的形状,但是墙上对应的影子却能看出来?

思考讨论

(1) 形成影子必须具备哪些要素? 如何形成影子?

(2) 形成彩色影子必须具备哪些要素? 如何形成彩色影子?

根据平时对影子的观察与了解,你可以做出哪些推理,并预测出什么结论? 与同学交流看法、大胆辩论。

§11.2 关于影子

每一个人都很熟悉影子,灯光下、太阳下,影子与我们形影不离。但是大家对影子的认识又有多少呢? 让我们一起来重新认识影子。

§11.2.1 影子形成的条件

思考讨论

(1) 影子的形成需要什么条件? 想象在一个漆黑的房间里,你还能看到影子吗? 当然是看不见的,要有明暗的对比才能显出影子。

结论1:影子的形成要有_____。

(2) 是不是只要有上述结论1就一定能形成影子呢? 通过刚才的手影游戏,同学们已经隐约找到了答案。看图11-6这幅奇妙的手绘作品,在本子上画一个立体的梯子,并画出其影子。在真实世界里,若没有梯子,这个影子还存在吗?

结论2:影子的形成要有_____。

(3) 通过前面的讨论,你认为形成影子还需要什么条件?

图 11-6 手绘影子

§11.2.2 影子是如何形成的

我们已经知道影子的形成条件,但是影子究竟是什么? 影子形成的物理原理又是什么? 这些问题还需要进一步探究。

光的传播

实验目的

研究光在同种均匀透明固体介质中的传播路径。

实验器材

激光笔一支,透明度好的果冻(无果粒),白屏。

实验方法

用激光笔照射果冻,将白屏衬在果冻后面,显示出光路。

结果讨论

(1) 你观察到什么实验现象?

_____

(2) 白屏在这个实验中起到什么作用?

_____

(3) 为什么选用果冻而不选用其他固体材料?

_____

(4) 现在你已经了解光在透明固体中传播的一些规律,光在液体和气体中的传播也遵循相同的规律吗? 请仿照上述实验,设计实验证明自己的想法。

_____

_____

_____

思考讨论

(1) 做了上述实验后,一位同学总结如下:

光是沿着_____传播的。光从光源发射出来,因为沿着_____传播,所以光传播的路径上如果有一个不透光的物体,不透光的物体就会把沿着_____传播的光挡住一部分,在不透光的物体后方如果有一个屏,如墙壁、纸张等,受不到光照射的地方就形成了影子。

你同意他的总结吗?

(2) 对于同样的光源、同样的遮光物,影子的大小和位置是一成不变的吗?

实验探索 ▶▶

○ ○

影子的大小

实验目的

探究影子的大小和光源之间的关系。

实验器材

不同光源(目的是研究影子的大小,请考虑光源的不同体现在哪些方面? 如颜色、亮度等),白屏(也可用墙代替),自制便签夹,黑卡纸。

实验方法

(1) 将黑卡纸剪成喜欢的图形,夹在便签夹上。

(2) 在较暗的房间里,将光源、自制便签夹、白屏依次放置在一条直线上。点亮光源,让便签夹上物体的影子出现在光屏上。移动便签夹,观察影子的大小。看到的现象如下:

_____

(3) 依次更换不同的光源,移动便签夹,观察影子的大小。

光源 1 是 _____ 灯,在移动便签夹时,看到的现象如下:

_____

光源 2 是 _____ 灯,在移动便签夹时,看到的现象如下:

_____

实验结论

_____

_____

_____

思考讨论

(1) 上述光源有什么特点? 如果这个实验在阳光下做,又会得到什么结果? 你能制造出和太阳光性质类似的光源吗?

(2) 图 11-7 的现象是怎么回事? 猜想这是什么样的灯照出来的影子?

图 11-7 为什么笔靠墙越近影子越清楚、靠墙越远为什么越远越模糊

（3）如果光在均匀物质中传播，那么，影子、遮光物体和光源总是位于一条直线上，遮光物体总是在光源和影子的中间。如果有两个光源，影子会出现什么情况呢？

实验探索 ▶▶

影子的位置

实验目的

探究影子的位置和光源之间的关系。

实验器材

两个光源，白屏，遮光物。

实验方法

如图 11-8 所示，请大家画一画，如果有两个光源，图 11-8 所示的一个遮光物的影子会在屏上的哪个位置？

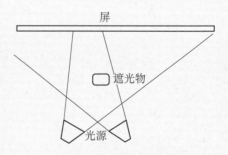

图 11-8 两个光源形成的影子在哪里

§11.2.3 日食和月食

大家知道日食(solar eclipse)是怎么形成的吗？日食是一种天文现象，只在月球运行至太阳与地球之间时发生。对地球上的部分地区来说，月球位于太阳前方，因此，来自太阳的部分光线或全部光线被挡住，看起来好像是太阳的一部分或全部消失了(图 11-9)。

观察图 11-9 中日食的各种情形。

（1）日全食（total solar eclipse）：月球的暗影也就是落在地球表面的阴影，宽度正好可以遮住整个太阳。日全食只在月球位于近地点时发生。

（2）日偏食（partial solar eclipse）：太阳的一部分被月球的阴影遮盖，但另一部分仍继续发光。此时观察者落在月球的半影区中。

（3）日环食（annular eclipse）：太阳边缘的光球仍可见，形成一环绕在月球阴影周围的亮环。此时月球处于远地点。

（4）全环食（total-annual eclipse）：只发生在地球表面与月球本影尖端非常接近，或者月球与地球表面的距离和月球本影的长度非常接近的情形下。

（a）　　　　　　　　　　　　（b）

（c）　　　　　　　　　　　　（d）

图 11-9　日食，（a）至（d）依次为日全食、日偏食、日环食和全环食

实验探索 ▶▶

○ ○

根据日食形成的原理，你能够研究出月食的原理和种类吗？

模拟月食的形成

实验目的

探究月食形成的原理和种类。

实验器材

光源，乒乓球，玻璃球，细线。

实验方法

（1）用细线将乒乓球、玻璃球拴住，让玻璃球围绕乒乓球缓慢旋转，模拟月球围绕地球旋转。

（2）在较暗的房间里，用光源照射乒乓球，模拟太阳照在地球上。

（3）观察玻璃球上光影的变化，并推测该过程中月亮的状态。

实验结论

月食有哪些种类？月食是如何形成的？

_____

_____

_____

§11.3　色彩的奥秘

下面进行关于色彩的讨论，注意讨论的是红绿蓝（RGB）三基色模型，即红绿蓝 3 种色光不同组合的各类情况，而不是水彩颜料的组合。

§11.3.1　RGB 色彩模式

RGB 分别代表红（red）、绿（green）、蓝（blue）3 种颜色，这 3 种颜色被称为三基色（three primary colors）。RGB 色彩模式是工业界的一种颜色标准，是通过对红、绿、蓝相互之间的叠加来得到 16 777 216 种颜色，这个标准几乎包括人类视力所能感知的所有颜色。红绿蓝三基色模型是计算机显示器及其他数字显示设备显示与分析颜色的基础。

如表 11-1 所示，红、绿、蓝各有 0～255、共 256 级亮度。纯红色的 R 值是 255，G 和 B 值均为 0；纯绿色和纯蓝色均可类推。

表 11-1　**RGB 色彩模式**

	红色	绿色	蓝色	白色	黑色
R 值	255	0	0		
G 值	0	255	0		
B 值	0	0	255		

思考讨论

请思考纯白色的 R 值、G 值、B 值分别是多少? 纯黑色呢? 把你的结论填在表 11-1 中。

§11.3.2 加色系统

色光的加法也称为加色法(additive color process),是把不同颜色的光混合投射,生成新的色光的方法。这种配色的方式称为色光混合。图 11-10 是三基色图,也称为加色系统。从图 11-10 中可以看到以下规律:

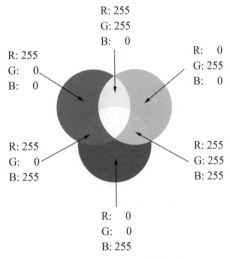

图 11-10 **RGB 加色系统**

蓝(B)+绿(G)=青(C)

绿(G)+红(R)=黄(Y)

红(R)+蓝(B)=品(M)(又称:洋红)

蓝(B)+绿(G)+红(R)=白色

§11.3.3 减色系统

颜色的减法也称为减色法(subtractive color process),即从某些混合色光中减去某种颜色成分的光而得到的光。减色法减后的结果可以是混色光,也可以是三基色中的一种。

美术中的调色原理就是遵循色光的减色法规律(图 11-11)。

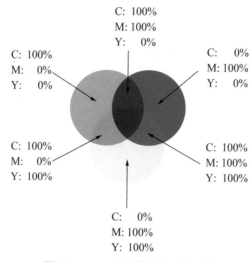

图 11-11 美术颜料调色规律

思考讨论

我们已经知道减色系统是加色系统的逆运算,现在可以自己推导出减色系统的运算方法吗?

$$白色-蓝(B)=绿(G)+红(R)=黄(Y)$$
$$白色-绿(G)=蓝(B)+\underline{\quad\quad}=\underline{\quad\quad}$$
$$白色-\underline{\quad\quad}=\underline{\quad\quad}+\underline{\quad\quad}=\underline{\quad\quad}$$

§11.3.4 用 Photoshop 软件的拾色器体会色光的加、减法

我们每个人都有一颗想留住时光的心,于是我们喜欢拍各种各样的照片,去留住最想留住的时刻。为了获得一张美丽的照片,我们会利用一些修图软件对照片进行修饰,大家对 Photoshop 软件(PS)的运用应该不陌生,但是你知道 PS 的原理是什么吗?为什么照片经过 PS 会变得很不一样?让我们来感受 Photoshop 软件强大的色彩调节功能吧!

图 11-12 是用计算机绘图软件 Photoshop 的拾色器设置的 12 种颜色。

颜色设置结果是每个画面中间上方的小矩形颜色,也就是左边大正方形中的小圆圈中心的颜色。对于红绿蓝 3 种纯色,大正方形中的小圆圈都位于右上角的位置,小圆圈的中心就是大正方形的右上角顶点。那么,其他小圆圈在大正方形的什么位置?先猜测一下,然后再去找找,看看自己有没有猜对。

思考讨论

（1）请逐一分析这12个拾色器画面,说说你明白了什么?

（2）结合牛顿盘设计实验,说说你是如何通过Photoshop软件让牛顿盘组合成任意色的效果?

（a）黑的 RGB 值为 0,0,0

（b）白的 RGB 值为 255,255,255

（c）某种灰的 RGB 值为 184,184,184

（d）红的 RGB 值为 255,0,0

（e）绿的 RGB 值为 0,255,0

（f）蓝的 RGB 值为 0,0,255

（g）青的 RGB 值为 0,255,255

（h）黄的 RGB 值为 255,255,0

（i）品的 RGB 值为 255,0,255

图 11-12

（j）某浅红的 RGB 值为 255，180,180　　（k）某暗红的 RGB 值为 180,0,0　　（l）某蓝的 RGB 值为 63,105,147

图 11－12　Photoshop 软件拾色器设置的 12 种不同颜色

§11.3.5　颜色是人眼的感觉

频率、波长是光波的属性,而颜色是人眼接收到可见光信息后的感觉。由于人可能产生视错觉,在某些特定情况下可能对颜色产生误判,因而我们是否可以制造出感觉上是彩色的、实际上却不是彩色的影子?

思考讨论

　　仔细观察图 11－13,你能看出这幅图里有多少种颜色的彩色影子呢? 2 种? 3 种? 4 种? 5 种? 让我们一起数数看!

图 11－13　彩色影子图

请同学们思考,造成这种现象的原因是什么? 能不能给我们制造彩色影子带来一些启发?

§11.4　彩色影子大比拼

实验探索 ▶▶

制造彩色影子

实验目的

利用不同数量和颜色的光源制造出彩色的影子。

实验原理

光的直线传播,RGB色彩模式,视觉和错觉。

实验器材

透明彩色玻璃纸,白光手电筒,白屏。

实验方法

(1) 根据三基色光源中,两两搭配制造出彩色影子。

(2) 利用三基色光源共同努力制造出彩色影子。

(3) 制作疑似品、疑似青、疑似黄的彩色影子。

思考讨论

(1) 利用三基色光源一共可以制造出多少种不同的彩色影子?

(2) 如何利用视觉和错觉制造出"彩色"的影子?

(3) 寻找生活中还有哪里存在彩色的影子? 还能怎么制造彩色影子?

运用已经学习的知识,同学们可以自由创作,期待做出彩色影子的奇美作品! 其实在生活中,只要大家用科学的方式思考,我们每个人都是爱因斯坦!

§11.5 另类彩色影子——色偏振

§11.5.1 色偏振现象

色偏振(chromatic polarization)投影装置主要由:投影机、色偏振遮光装置、屏幕3部分构成。

投影机光源发出的是白光,投到墙上出现了彩色图案(图11-14),其奥秘是因为这个遮光物体不一般。

色偏振装置的下层是一块固定的偏振片,上层是一块可以旋转的偏振片,中间是一块可以旋转的普通玻璃,玻璃上贴有一种特殊的光学薄膜,这种薄膜是一种光的各向异性材

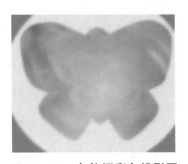

图 11-14 色偏振彩色投影图

料①,而且薄膜有的地方只贴了一层,有的地方贴了两层、三层……打开光源,光透过色偏振装置射出时,贴有薄膜的地方显示出各种颜色。

　　旋转装置上的偏振片或者贴有各向异性薄膜的玻璃,都可以使膜上各处透出的颜色发生变化。

§11.5.2　这是影子吗

　　影子是遮光后在屏幕上呈现的图像。色偏振的投影虽然有光源,有遮光物,但是遮光物透光,还能透出五颜六色的光,这个现象和影子不同。

思考讨论

　　(1) 如果有人说色偏振装置千真万确遮光,是对色光进行选择性的遮挡,你相信吗? 无论相信还是不相信,请说出理由。

　　(2) 色偏振装置遮挡在光路上,结果得到了彩色图像,这个彩色图像是一种"另类影子",你同意这种说法吗? 请说出理由。

实验探索 ▶▶

创作色偏振艺术品

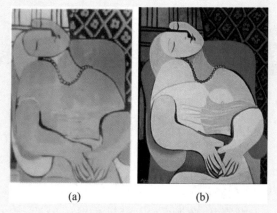

　　近年来,一些科学工作者逐步发现偏振片的"好玩之处",几位物理教师用偏振片和胶带做出一幅毕加索的名画②(图 11-15),直观上看有些像,在色彩上还不够逼真。

　　你能不能创作自己的色偏振艺术品?

　　先研究透明胶带和偏振片如何能够变出斑斓的色彩? 寻找规律后进行创作。

图 11-15　色偏振艺术,(a)为色偏振画,(b)为毕加索的名画《梦》

① 光的各向异性材料:由于这类材料内部各个方向物理化学性质的不同,导致光在这类材料中传播时,各个方向的折射状况和传播速度有所不同。

② 参见"胶带的色偏振原理及其在演示实验中的应用"一文,谢欣、吕景林,《实验室研究与探索》,2012 年 6 月。

第 12 章

光 的 幻 术

幻术是魔术的一种,是一类能够产生特殊幻觉的技法。这种技法以一种极为玄幻的方式展示,使观众感到奇妙莫测。它是一种艺术,也是一种科学。接下来就让大家来体验科学与艺术的结晶——光的幻术!

§12.1 立体和平面间的错觉

§12.1.1 幻术 1:看图仿做"不可思议的螺帽"

图 12-1 中有两个大螺帽,一根日光灯管穿过两个螺帽孔。你觉得这可能吗?显然,日光灯管不可弯曲,而两个螺帽摆放的角度大于 180 度。你能不能按照图 12-1 仿做"不可思议的螺帽"?

图 12-1 不可思议的螺帽

实验探索 ▶▶

1. 制作"不可思议的螺帽"

实验目的
仿照图 12-1,制作"不可思议的螺帽"。

实验原理

实验器材

实验方法

(1) _____ ;

(2) _____ ;

(3) _____ 。

实验感悟

_____

_____

_____

2. 制作"不可思议的……"

自行设计并完成一个在视觉上不可思议的作品。给大家表演这个不可思议的动作或现象,也可以将表演过程拍成视频播放。注意设计表演的动作和语言,以增强不可思议的效果。

讨论同学们各种不可思议的作品的优缺点,并提出改进建议。

给同学们各种不可思议的作品分类,并写出自己的分类说明。

§12.1.2　幻术 2: 3D 错觉艺术设计

你听过 3D 错觉艺术馆吗？你去那里玩过吗？3D 错觉艺术打破平面图像的二维视觉界限,让观图者由于经验的惯性而产生视觉上的立体错觉(图 12 - 2①)。这是一种融合透视学、设计学、几何学及心理学的艺术形式(图 12 - 3②),可以给我们带来意想不到的惊奇感受!

如果当地有 3D 错觉艺术馆,不妨去亲身感受一下。如果你在某个公共场所看到这样的艺术作品,也不妨告诉大家去欣赏一番。让我们一起体验 3D 错觉艺术的魅力!

图 12 - 2　3D 立体画

---

① 图片来源:http://www.jnnews.tv/paint/2012-03/05/cms252009article.shtml。

② 图片来源:http://www.sohu.com/a/539870_101689。

图 12 - 3 **3D 绘图欣赏**

思考讨论

(1) 将本章看到的 3D 图片与第 10 章看到的立体图片进行对比,它们有什么区别?

(2) 如果想用照片记录这类图片的 3D 立体效果,拍照时有什么注意事项?

(3) 这些平面图画为什么会有如此奇妙的效果?

实验探索 ▶▶

绘制 3D 错觉艺术图

利用自己所学知识,绘制 3D 错觉艺术图,交流并评比最佳作品。

§12.2 立体影像幻术

随机点立体图

随机点立体图使很多人感到很玄妙,如果你对随机点立体图感兴趣,请你看下面的这段文字[1],看你是否能够悟出其中的原理。

---

[1] 摘自"随机点立体画的生成原理与实现",宁静静、孔令德,《电脑开发与应用》,24 卷 12 期。

图 12 - 4 为一组随机点立体图序列。第 1
行是右眼看到的随机点立体图序列。图中元素
（第 1～2 和第 8～9 个元素）从左眼与右眼看到
信息经过大脑分析后完全相同，因此并没有视差
感。图的中间部分（第 3～7 个元素）在左眼中相
对于右眼向右移动了一个元素，从而造成双眼视

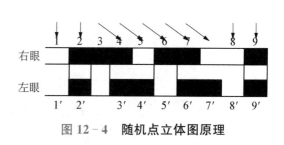

图 12 - 4　随机点立体图原理

差。例如，在右眼中的第 6 个元素未找到在左眼中与其相匹配的元素（相对于第 1～2 和
第 8～9 个元素）。在左眼看到的元素中，可以与 6 相匹配的元素有 4′ 和 6′，与这两个元素
的任何一个匹配，在相反的方向上都能产生双眼视差。从整体的立体视差匹配，最终右眼
的元素 6 选择与左眼的 6′ 进行匹配。

实验探索 ▶▶

绘制随机点立体图

随机点立体图是不是看上去乱七八糟的、很难创作？你理解上面说的规律吗？

根据图 12 - 5 所示的原理示意图[①]以及所学的规律，能不能依此创作一幅随机
点立体图？

1	0	1	0	1	0	0	1	0	1		1	0	1	0	1	0	0	1	0	1
1	0	0	1	0	1	0	1	0	0		1	0	0	1	0	1	0	1	0	0
0	0	1	1	0	1	1	0	1	0		0	0	1	1	0	1	1	0	1	0
0	1	0	Y	A	A	B	B	0	1		0	1	0	A	A	B	B	X	0	1
1	1	1	X	B	A	B	A	0	1		1	1	1	B	A	B	A	Y	0	1
0	0	1	X	A	A	B	A	1	0		0	0	1	A	A	B	A	Y	1	0
1	1	1	Y	B	B	A	B	0	1		1	1	1	B	B	A	B	X	0	1
1	0	0	1	1	0	1	1	0	1		1	0	0	1	1	0	1	1	0	1
1	1	0	0	1	1	0	1	1	0		1	1	0	0	1	1	0	1	1	0
0	1	0	0	0	1	1	1	1	0		0	1	0	0	0	1	1	1	1	0

图 12 - 5　随机点立体图制作示意

§12.3　偏振光幻术

在第 11 章"光的幻影"中，我们已经对偏振光有了大致的了解，现在让我们继续认识

① 图片来源：百度百科"随机点立体图"，请查询其文字说明。

神奇的偏振光,进入偏振光的奇幻世界。

§12.3.1　奇妙的偏振片

实验探索 ▶▶

偏光太阳镜魔术

实验目的

体会偏振片的奇妙。

实验原理

光具有偏振性。

实验器材

偏振光太阳镜,偏光测试片。

实验方法

(1) 用肉眼观察偏光测试片(图 12 - 6)。

图 12 - 6　偏光太阳镜魔术

(2) 透过偏振片观察偏光测试片,看看两者的图像有什么不同。

(3) 旋转偏振片,观察图像会不会发生变化。

思考讨论

(1) 将两片偏振片重叠放在一起,再将其中一片旋转 90 度,你看到了什么?

(2) 偏振片具有一定的偏振方向,两张偏振片重叠有很多可能性,图 12-7 显示了 3 种可能,从中你有什么感悟?

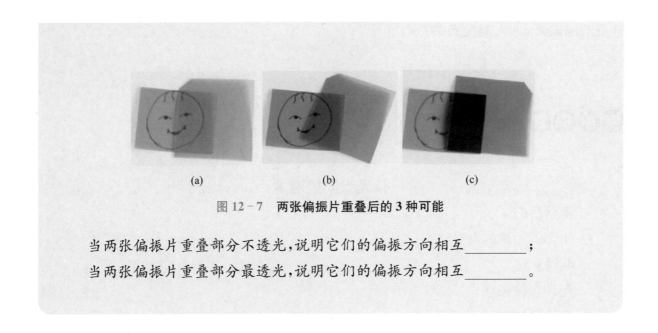

图 12-7   两张偏振片重叠后的 3 种可能

当两张偏振片重叠部分不透光,说明它们的偏振方向相互_____;

当两张偏振片重叠部分最透光,说明它们的偏振方向相互_____。

§12.3.2   穿墙而过

偏振片还可以做成另一个魔术道具——"穿墙而过"(图 12-8)。只要有一定大小的两块偏振片,你也可以自制这个魔术道具。

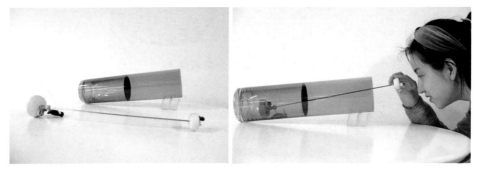

图 12-8   "穿墙而过"魔术道具

根据前面所学,请思考下面的问题:仔细观察管子中有一道"墙",可是我们却能让小球穿过这道"墙",而且小球穿过后这道"墙"完好无缺。你能根据前面学过的知识,揭秘这个魔术吗?

自制"穿墙而过"魔术道具

实验目的

自制"穿墙而过"魔术道具。

实验原理

光具有偏振性。

实验器材

偏振片,剪刀,胶带,塑料小球。

实验准备:有两位同学分别试做了两个魔术道具,如图 12-9 所示。观察这两个道具,你发现它们有什么不同?分析其中的原因。

(a)　　　　　　　(b)

图 12-9　试做"穿墙而过"魔术道具

实验方法(请自己描述)

_____

_____

注意在正式制作前既要弄清原理和注意事项,也要表现出你的独特艺术创意。作品完成后别忘了展示交流!

§12.4　光反射幻术

本节主要介绍更为神奇的光反射(light refle-x)幻术。

思考讨论

你在照镜子的时候,发现镜子里的像与你本人之间有什么异同?成像的规律如何?你是否思考过这些问题?

其实,镜子是光反射的一种工具。利用光反射的特性,可以实现很多幻术。

图12-10是一个奇怪的集钱盒。盒中有两个球,手摇盒子时,这两个球时而聚拢,时而分开。但是这个盒子会"吃"钱,钱"吃"进去就不见了。你能看出集钱盒里的奥秘吗?说说你的看法。

图12-10　吃钱的魔法盒

实验探索 ▶▶

"吃"钱的魔法盒

实验目的

制作一个会"吃"钱的魔法盒。

实验要求

魔法盒前面有一块玻璃,通过玻璃可以让盒中"一目了然"。硬币从盒顶狭缝投入后不见了。

实验原理

光的反射,视错觉。

实验器材

硬卡纸,软玻璃,剪刀,玻璃球,胶水,硬币,_____。

实验说明

(1) 做"吃"钱魔法盒,需要分析在哪里应用了光反射的规律,在什么地方发生了视错觉。

(2) 需要分析为了保证发生错觉,盒子内侧面必须有什么样的特殊要求。

(3) 盒子里面还可以做什么样的设计,能够增加作品的迷惑性和趣味性。

实验方法和体会

用图文并茂的形式写在实验报告纸上。

你做出来了"'吃'钱的魔术盒"了吗?和同学们一起展示和交流。

关于光的幻觉、幻像、幻影和幻术,有趣的实验还很多。学到这里,大家一定意犹未尽。我们期待你的新作品!